Siegfried Knittel

Erlebnis Wattwanderung

Ein Wattführer erzählt

Verlag Soltau-Kurier-Norden

Gewidmet meinem Vater,
dem ich viel zu verdanken habe.
Leider kann er die Herausgabe
dieses Buches nicht mehr miterleben.

Danken möchte ich besonders
Brigitte und Jens Hartmann, Norden,
und Gabi und Karl Feil, München,
die mit ihrer Hilfe zum Gelingen
dieses Buches beigetragen haben.

Siegfried Knittel

Erlebnis Wattwanderung

Ein Wattführer erzählt

1. Aufl. 2008
ISBN 978-3-939870-53-1

Bibliografische Information der Deutschen Bibliothek:
Die Deutsche Bibliothek verzeichnet diese Publikation
in der Deutschen Nationalbibliografie;
detaillierte bibliografische Daten sind im Internet über
‹http://dnb.ddb.de› abrufbar

Verlagsanschrift:
Stellmacherstraße 14, 26506 Norden
Internet: www.skn.info
E-Mail: verlag@skn.info

Lektorat: Inge Straatmann,
Dr. Lübbert R. Haneborger
Produktion: Reinhard Former,
Dr. Lübbert R. Haneborger
Grundschrift: Eidetic regular,
Überschriften: Lucida Handwriting

Druck und Gesamtherstellung:
SKN Druck und Verlag GmbH & Co.
Printed in Germany

Fotos: Martin Stromann
© SKN Druck u. Verlag/OSTFRIESLAND BILD
außer von:
Siegfried Knittel: S. 17 (4.), 22/23, 25, 57,
58 (1.14.), 61 (3.), 69, 74, 79, 93, 95
Johannes Meyer-Deepen: S. 85
Wilke Specht, Borkumer Zeitung: S. 86
Titelmotiv:
Im Watt zwischen Baltrum und Neßmersiel

Inhaltsverzeichnis

Hinweis

Wattwanderungen erfordern in jedem Fall die Begleitung eines speziell ausgebildeten Wattführers. Die in diesem Buch geschilderten Erlebnisse sollten nicht über die Gefahren des Wattenmeer-Raumes hinwegtäuschen und den Leser nicht zu eigenmächtigen Erkundungen verleiten. Der Verlag übernimmt keinerlei Haftung für Schäden, die infolge der Lektüre dieses Buches durch eigenständige Wattwanderungen entstehen.

Vorwort

Kaum eine andere Region Mitteleuropas besitzt so viel Eigencharakter und Erholungswert wie die Nordseeküste. Mit ihren so unterschiedlichen Landschaftsformen wie der offenen See, der Brandungszone mit ihren endlos scheinenden Stränden, den Salzwiesen mit ihrer verschwenderischen Blütenpracht sowie dem Wattenmeer ist sie eine der eigenartigsten Landschaften der Erde. Beherrschendes und prägendes Element jeder Landschaftsform an der Küste jedoch ist das Meer selbst. Unzählige Menschen, die für kurze Zeit dem Alltagsstress zu entfliehen suchen, empfinden die Großartigkeit und Weite der See als Inbegriff unverfälschter reiner Natur. Die Strände, ob seeseitig auf der Insel oder entlang der Küstenregion gelegen, können als Erholungslandschaft schlechthin angesehen werden.

Neben den Stränden stellt die Dünenwelt der Inseln diejenige landschaftliche Form dar, die als Gegensatz und Ergänzung zur Strandszenerie ein gewisses Geborgenheitsgefühl vermittelt. Hier kann der Erholungsuchende im Windschutz verschiedenartigster sandiger Gebilde die Sonne noch mehr genießen – das mächtige Brausen der Brandung klingt nur gedämpft – und die vielfältige Pflanzenwelt, teils tief geduckt, um dem Wind so wenig Angriffsfläche wie möglich zu bieten, teils hoch aufgerichtet und dem ständigen Reißen und Zerren ausgesetzt, regt zur Naturbetrachtung an. Die bis zu zwanzig Meter hohen Braun- und Graudünen vermitteln mit ihren von Menschenhand geschaffenen Aussichtsplattformen achtunggebietende Rundblicke und Erlebnisse.

Wenn auch die Salzwiesen im Gegensatz zu Strand und Dünen keine typische Urlaubslandschaft darstellen, so schenken sie dem naturverbundenen Menschen doch Erholungswerte eigener Prägung. Sie bieten geschützten Seevögeln ungestörte Brutmöglichkeiten und vielen anderen Möwen- sowie Limikolen-Arten bei Hochwasser Rast- und Ruheplatz. Darüber hinaus beeindrucken sie vor allem im Hoch- und Spätsommer mit ihrer Duft verströmenden Blütenpracht.

Das Wattenmeer, das seine Geheimnisse durch die riesige Wasserumwälzung während der Gezeiten innerhalb von vierundzwanzig Stunden zweimal freigibt und zweimal wieder untergehen lässt, kann als einer der charakteristischsten Lebensräume der Erde bezeichnet werden. Diese amphibische Welt beherbergt eine ungeheure Fülle niederer Tierformen und bietet die Nahrungsgrundlage unzähliger Vogelscharen und Meeresbewohner, die den Seeküstenbereich prägen. Für jeden Küstenurlauber stellt das Watt einen bleibenden Erlebniswert dar, selbst wenn er das zweimal täglich eintretende Überfluten und Trockenfallen nur vom Rande des Watts beobachtet. Gerade die Vielfältigkeit dieser Landschaft ist es, die jeden von uns dazu verpflichten sollte, sich mehr als bisher mitverantwortlich zu fühlen für die Natur und ihr kulturgeschichtliches Erbe.

Wir, denen die Küstenlandschaft Heimat ist, genauso wie diejenigen, die ihr verbunden sind, weil sie ihnen die tiefprägenden Erlebnisse der Gezeitenspiele und unvergessliche Urlaubstage in freier Natur verdanken, müssen versuchen, mit diesem kostbaren Naturgut in Einklang zu leben und es für unsere Nachkommen zu bewahren. Dieser Verantwortung und dieser großen Aufgabe möchte ich mich als einer von derzeit 150 speziell ausgebildeten Wattführern an der Nordsee stellen und meinen Erfahrungsschatz durch langjährige Beobachtungen und intensives Erleben an andere weitergeben.

Norden, im Sommer 2008   Siegfried Knittel

Mühsam geht's durch die Ansammlungen der Borstenhaaralge

Wanderung im küstennahen Watt

Nirgendwo zeigt sich das gigantische Naturschauspiel von Ebbe und Flut so packend und eindringlich wie im Watt. Bei Hochwasser erscheint der breite Streifen zwischen den Inseln und dem Festland als graues Meer, das je nach Windstärke mal ungewöhnlich ruhig, mal tosend und aufgewühlt erscheint. Es ist das Wattenmeer, das sich unserem Auge meist grau in grau darbietet und selbst bei herrlichstem Sonnenschein im bleiernen Glanz schimmert.

Bei Ebbe strömen die gewaltigen Wassermassen, die zuvor die Wattflächen für Stunden bedeckt hatten, durch die Seegats zwischen den Inseln ins Meer ab. Ganz allmählich zeigen sich die grauen Wattflächen mit ihren unzähligen Schlickbänken und Sandplaten, durchzogen von einem dichten Netz von Rinnen und Prielen. Für den Betrachter ist es fast unvorstellbar, dass die Wassermassen, die zur Hochwasserzeit das weite Watt bedecken, in wenigen Stunden durch die Seegats, die nur wenige Kilometer breit sind, in die Nordsee hinausströmen können. Es ist ein urweltlicher Strom, der sich bei Ebbe sechs Stunden lang durch die Gats in die See ergießt, um dann, nach kurzer Stauzeit, wieder zurück ins Watt zu fluten – an einem Tag also viermal, zweimal hin und zweimal her. Man hat berechnet, dass während einer Tide durch das Norderneyer Seegat, den Durchlass zwischen Juist und Norderney, etwa 200 Millionen Kubikmeter Wasser ins Wattenmeer herein- beziehungsweise wieder hinausfließen – und das sind wahrlich schon enorme Mengen.

Wenn man einige Zeit den Wechsel von Hoch- und Niedrigwasser beobachtet, kann man feststellen, dass der Wind einen sehr großen Einfluss auf den Wasserstand im Watt hat. Bei West- und Nordwestwind wird das Wasser wesentlich stärker durch die Seegats in die Wattfläche gedrückt, was zur Folge hat, dass der Tidenhub, der Unterschied zwischen Niedrig- und Hochwasser, größer ist und die Salzwiesen mehr oder weniger überflutet werden. Der Ebbstrom, der sich überwiegend in west- und nordwestlicher Richtung bewegt, kämpft gegen diesen Wind an und hemmt ihn so stark, dass die Wassermassen nicht völlig aus dem Watt herausströmen können. Auch bei Ebbe stehen die Wattflächen dann noch unter Wasser, was jegliche Aktivitäten für den Wattführer einschränkt. Bei starkem Ostwind hat der Ebbstrom den Wind sozusagen im Rücken und die Wattflächen erscheinen dem Betrachter wie

ausgetrocknet. Kommt das Wasser dann mit dem Flutstrom zurück, läuft es gegen den Wind und wird praktisch zurückgedrängt, wodurch der Tidenhub geringer ist und der Wasserstand niedriger ausfällt.

Betrachten wir die Wattflächen bei Niedrigwasser, so erscheint uns dieser Lebensraum auf den ersten Blick grau, leblos und eintönig. Betreten wir jedoch diesen Boden, ein Gemisch aus Sand, Tonteilchen, Muschelschill, Schluff und organischer Substanz, so löst sich diese eintönig erscheinende Fläche in ein Gewirr von kleinen und großen Wattströmen auf, die ineinander münden und alle nach Westen, zu den Seegats gerichtet sind. Das hin- und herströmende Wasser prägt diese amphibische Landschaftsform und gestaltet die sich ständig verändernden Platen und Bänke aus Schlick und Sand. Wenn der Strom umschlägt (kentert), die Flut ihren Höhepunkt erreicht hat und die Ebbe mit rückläufiger Strömungsrichtung einsetzt, legt sich auf die graue, wie ausgefegt erscheinende Wattfläche eine dünne Schicht mitgeführter Schweb- und Sinkstoffe. Diese Menge kleinster Schlick- und Sandpartikel wird aus der Tiefe der Nordsee hochgeschwemmt und von den Flüssen herangetragen.

Dazu gesellt sich eine große Menge organischer Substanz sowie die zahllosen Ausscheidungen verschiedenster Watt-Tiere. Diese Sinkstoffe lassen durch ihre täglich zweimalige Ablagerung im Laufe von Jahren und Jahrzehnten die ausgedehnten Wattflächen anwachsen. Daneben ist der Einfluss des Klimas in einem flachen Meer, wie es das Wattenmeer darstellt, verhältnismäßig groß. Auf den trockengefallenen Wattflächen kann die Temperatur im Sommer in kleinen, zurückbleibenden Pfützen auf über 37 Grad Celsius ansteigen, wogegen solch kleine Wasseransammlungen im Winter schnell gefrieren. Auch jeder Witterungsumschlag macht sich in den Wassertemperaturen des Wattenmeeres rasch bemerkbar und auch Niederschlag und Verdunstung wirken sich auf das Watt aus. So müssen Pflanzen und Tiere immer wieder in der Lage sein, sich neuen Bedingungen anzupassen.

Wagen wir uns nun in die Formfülle und Vielgestaltigkeit dieser Landschaft aus Schlick und Sand. Das erste, was uns staunen lässt, sind ganze Berge angespülter, winziger Wattschnecken, nur wenige Millimeter groß, jedoch bei genauem Hinsehen deutlich als Schneckengehäuse zu erkennen. Sie gehören zu den im und auf dem Wattboden häufigsten Tieren und siedeln an günstigen Stellen im Schlickwatt mit bis zu 250 000 Tieren auf dem Quadratmeter. Diese Tierart zeigt uns, dass eine hohe Vermehrungsrate - gepaart mit einer großen Besiedlungsfähigkeit - eine Möglichkeit darstellt, sich im

Watt zu behaupten. Schnell wachsen, möglichst viele Nachkommen zeugen und diese so weit wie möglich verbreiten, das ist eine erfolgreiche Methode. Mies- und Herzmuscheln stellen ebenfalls Beispiele hierfür dar. In einem Jahr können sie schon so weit herangewachsen sein, dass sie fortpflanzungsfähig sind. Jedes Individuum erzeugt Tausende von Nachkommen, die dann als Larven mit der Strömung verteilt werden. Von den Larven werden einige wenige sich behaupten, und auf diese Weise bleibt die Art im Wattenmeer bestehen. Der große Reichtum an Bodentieren wird zweifellos durch das reichliche Nahrungsangebot sowie durch die große Zufuhr von Nahrung vor allem aus der Nordsee gefördert.

Beim Weiterwandern richtet sich unsere Aufmerksamkeit auf die einmalige Schönheit der sich auf dem Wattboden ausbreitenden Algenschicht. Die leopardenartig gefleckte Deckschicht des Wattbodens ist von Kieselalgen mit unterschiedlichster Siedlungsdichte besetzt. Diese Einzeller dringen während der Nachtstunden in die oberste Bodenschicht ein und lagern zwischen den Sandkörnchen und Schlickpartikeln. Bei Niedrigwasser, und wenn die Wattoberfläche tagsüber von der Sonne beschienen ist, drängen sie nach oben, um das Sonnenlicht für ihren Aufbauprozess – durch Photosynthese – zu nutzen.

Die Kieselalgen bilden die Basis des maritimen Naturkreislaufes. Sie werden von den Wattbewohnern mit ihren Siphonen aufgesogen oder auf den Wattflächen, hauptsächlich von den Schnecken, abgeweidet. Änderungen bei ihrem Wachstum haben unmittelbare Folgen für die Lebensgemeinschaften und können eine tiefgreifende Änderung des gesamten Ökosystems im Wattenmeer auslösen. Der aus dem Griechischen stammende Name Diatomeen sagt bereits viel über die Formschönheit dieser Algen aus und wir staunen über die Einzigartigkeit und Winzigkeit dieser Meeresraumbewohner, die mit bis zu drei Millionen Exemplaren auf nur einem Quadratzentimeter siedeln können. Ihre feinziselierten Schalen stellen unter dem Mikroskop erlesene Kunstformen dar. Sie sind so fein gemustert, dass selbst das Elektronenmikroskop Mühe hat, ihre letzten Feinheiten zu enthüllen. Kein Bild, keine Beschreibung kann vermitteln, welch anmutigen Zauber sie auf den Betrachter ausüben.

Einem weiteren Vertreter dieser massenhaft vorkommenden Tierart begegnen wir auf den Sandwattflächen zunächst nur in Gestalt seiner Hinterlassenschaften. Tausende Kotkringeln sind es, die den Wattwurm (ARENICOLA MARINA), auch Pier genannt, erkennen lassen. Ich steche mit einer mitgenommenen

Reich ist das Leben im und auf dem Wattboden.

Grabegabel einen Würfel aus und lege den Boden vorsichtig auf die Seite. Und sogleich sehen wir auch schon ein Prachtexemplar von einem Wurm, gut 20 Zentimeter lang, kleinfingerdick und von bräunlich-schwarzer Färbung, sowie die sichtbare, durch Schleimausscheidungen verfestigte Wohnröhre des Lebewesens. Weil diese Röhren ständig mit sauerstoffhaltigem Wasser durchspült werden, erscheinen sie hell abgesetzt von der übrigen Masse des Wattbodens. Die Lebensweise des Wurmes ist ungemein interessant. Er sitzt in einer bis zu 20 Zentimeter tiefen U- bzw. L-förmigen Röhre, die unterhalb des Kothäufchens beginnt. Beim Fressen liegt der Wurm im flachen Wohntrakt seines winzigen Baus und nimmt durch ein- und ausstülpende Bewegungen seiner Rüsselschnauze Sand auf, so dass an der Wattoberfläche trichterförmige Vertiefungen entstehen, wenn der Boden in die Röhre nachrieselt. Der Körper entzieht dem gefressenen Sediment seine Nahrung: Kleinstlebewesen und Detritus, Sinkstoffe aus pflanzlichen und tierischen Geweberesten.

Der Sand wandert in das hintere Ende des Tieres und sobald dieses gefüllt ist, steigt der Wurm rückwärts im Ausscheidungsrohr hoch, um sich zu entleeren. Mit etwas Geduld können wir sehen, wie plötzlich auf dem Watt ein Häufchen entsteht. Diesen Moment nutzen auch die Raubtiere, um dann blitzschnell das Hinterende des Pierwurms zu packen; insbesondere Schollen sind wahre Spezialisten darin. Der Biss der Scholle wird den Pier aber selten das Leben kosten, da der hinterste Teil des Wurmes locker am Körper sitzt und nach Verlust wieder nachwächst. Ich grabe noch einige weitere Würmer aus, und finde einen, bei dem man deutlich sehen kann, dass sein Schwanzende schon mehrere Male abgetrennt wurde.

Im aufgeworfenen Wattboden entdecken wir aber noch andere Lebewesen. So beobachten wir mehrere See-Ringelwürmer (NEREIS DIVERSICOLOR) bei ihrem Versuch, sich mit tausendfüßlerähnlichen Bewegungen rasch wieder einzugraben. Die rötlichen Würmer mit dem auffälligen sogenannten Blutband, dem Herzen des Wurmes, das sich vom Kopfende bis zum Schwanz hinzieht, werden etwa 15 Zentimeter lang und leben in bis zu 40 Zentimeter tiefen, senkrecht verzweigten Röhren, die sie auch bei Flut nicht ganz verlassen. Das Körperende bleibt immer in der Röhre, um sich bei Gefahr schnell wieder zurückziehen zu können.

Während wir weiterwandern, mache ich meine Begleiter auf die vielen, unregelmäßig verlaufenden Schleifspuren auf der Wattoberfläche aufmerksam. Es sind dies die Fraßspuren der Strandschnecke (LITTORINA LITTOREA), und am Ende dieser Weidegänge sehen wir auch gleich die ersten Exemplare - etwa 3 Zentimeter hoch, 1,5 Zentimeter breit, mit rundlichem Gehäuse und hellbräunlicher Farbe. Die Strandschnecke ernährt sich überwiegend von Algen, die sie mit ihrer rauen Raspelzunge abzunagen vermag.

Etwas weiter führt uns unsere Wanderung an eine zerfallene Busch-Lahnung und mit der Strandkrabbe (CARCINUS MAENAS) präsentiert sich uns einer der bekanntesten Bewohner des Wattenmeeres. Hier entlang der Buschlah-

Der Wattwurm, auch Pier genannt, und seine typischen Kothäufchen.

Blasentang hat sich in den Schlickgrashorsten abgesetzt.

nung unter angeschwemmten Algen haben sich einige dieser Kurzschwanz-krebse ihr Versteck ausgesucht. Ein schneller Griff mit der Hand – und schon ist ein fast handtellergroßes Exemplar aus den Blasentangbüscheln eingefangen. Strandkrabben sind Räuber, die auch größere Beutetiere lebend oder tot verzehren. Mit ihren kräftigen Scheren können sie gut zupacken. Die Strandkrabbe benötigt zum Überleben ständig Wasser, hält sich bei Ebbe meist in Prielen und Auskolkungen auf, um bei auflaufendem Wasser auf die Wattfläche zu wandern und das reiche Nahrungsangebot zu nutzen. Der rundliche Rückenpanzer kann bis zu acht Zentimeter breit werden, dazu kommen vier Beinpaare und das mächtige Zangenpaar am Vorderende, welches sie, wenn sie sich bedroht fühlt, spreizt und – zum Kneifen bereit – dem vermeintlichen Feind abwehrend entgegenhält. Einheimische nennen diesen Krebs auch „Dwarsloper" – also Querläufer –, weil er eigenartigerweise nicht mit dem Vorderende voranläuft, sondern sich seitlich fortbewegt. Man vermutet, dass sich dieses Spezifikum aus der eigentümlichen Bauweise und Körperanbindung der Beine ergibt, die auf der Bauchseite gewissermaßen nur eingehängt sind. Auf der Speisekarte der Krabbe steht so ziemlich alles, was vor ihre Scheren kommt. Neben toten Meerestieren frisst sie auch lebendige Garnelen oder knackt die Schalen von Muscheln auf. Ihrem Komplexaugenpaar, das aus bis zu 7 000 Einzelaugen zusammengesetzt ist, entgeht nichts, können sich diese Stielaugen doch um 360 Grad drehen und jeder Bewegung eines Beutetieres folgen. Zwischen dem Augenpaar sitzen die Fühler oder Antennen, gut sichtbar für uns. Sie dienen den Krabben als Geruchs-, Geschmacks- und Tastorgane. Auch besitzen sie Tasthaare an den Mundwerkzeugen, den Scheren, den Beinen und am Hinterleib, durch welche sie eine ausgezeichnete Empfindlichkeit für Berührungsreize besitzen. Strandkrabben kommen nur im Sommer ihres ersten Lebensjahres auf dem trockenfallenden Watt massenhaft vor, die älteren leben hauptsächlich in Prielen und Wattströmen. Junge Tiere sehen zwar krabbenähnlich aus, sind aber nur einige Millimeter groß. Über eine Reihe von Häutungen, bei denen sie jeweils etwa um ein Drittel größer werden, wachsen sie sehr schnell heran. Am Ende des Sommers können sie schon bis zu zwei Zentimeter groß sein. Das Vorhandensein von Verstecken, wie diese alte Buschlahnung, vor der wir stehen, ist für die Jungtiere wichtig, weil sie, wenn sie sich auf dem hohen Watt

Von oben nach unten: Taschenkrebs; Kalkgehäuse der Seepocken; tote Strandkrabbe, Seestern und Strandschnecken auf Wattdiatomeen

bewegen, leicht die Beute von Vögeln und größeren Artgenossen werden können. Auch Kannibalismus stellt eine Gefahr für das Überleben von Strandkrabben dar. Die Verpaarung vollzieht sich so, dass sich das männliche Tier einige Zeit vor der Häutung des Weibchens an seine Unterseite klammert, mitgetragen wird und unmittelbar nach der Häutung des Weibchens die Befruchtung mit zwei Geschlechtsorganen – passend zu den beiden weiblichen Geschlechtsöffnungen – erfolgen kann. Die weibliche Krabbe setzt nach zwei bis drei Monaten bis zu 200 000 Eier ab, die von ihr unter dem breiten, eingeklappten Schwanz mitgetragen werden, bis daraus die Larven schlüpfen und sich im Wasser selbstständig machen. Krabben fressen vor allem im Sommer auf dem Watt, um sich dann im Winter größtenteils in tiefere Priele und die Nordsee zurückzuziehen.

Beim Weiterwandern erzähle ich meinen Zuhörern, dass eine Unzahl von Muscheln Schlick und Sand besiedeln.

Von oben nach unten:
Sandklaffmuschel
Trogmuschel
Herzmuschel

Pazifische Auster, von Blasentang überwuchert.

Die Sandklaffmuscheln (MYA ARENARIA) dringen dabei besonders tief vor. Sozusagen ein Stockwerk über ihnen, kaum drei Zentimeter unter der Oberfläche, leben die runden, gerippten Herzmuscheln (CARDIUM EDULE) mit ihren nur wenige Zentimeter langen beiden Siphonen. Ebenfalls in dieser Schicht hausen die zierlichen Plattmuscheln (MACOMA BALTICA) und die zerbrechlichen Pfeffermuscheln (SCROBICULARIA PLANA). Als wir etwas später ein vom Wasser abgetragenes Pfahlwerk erreichen, finden wir hier massenhaft angehäuft eines der am häufigsten vorkommenden Tiere im Wattenmeer: die etwa drei Zentimeter große, blauschwarze Miesmuschel (MYTILUS EDULIS). Miesmuscheln sind Strudler und ernähren sich dadurch, dass sie Wasser mit ihren Kiemen filtrieren, wobei sie das genießbare Material zurückhalten. Flimmerhärchen führen dieses anschließend zu einer inneren Mundöffnung. Die ungenießbaren Bestandteile, die auf den Kiemen verbleiben, scheidet die Muschel in Form von größeren Klümpchen wieder aus. Diese spielen eine wichtige Rolle bei der Festlegung des Schlicks, weil durch den ausgeschiedenen Schleim der Muschel der Schlick zusammengeballt wird und solche Schlickklumpen von der Strömung viel weniger aufgewirbelt werden als die feinverteilten Sinkstoffe. Der Boden in der Umgebung einer Miesmuschelbank ist deshalb auch sehr schlammig. Eine Muschelbank wächst im Laufe der Zeit in die Höhe, weil die Miesmuscheln nach oben kriechen und dadurch vermeiden, im eigenen Schlick begraben zu werden. Eine ausgewachsene Miesmuschel pumpt unter günstigen

Muschelschill – gesäumt von Strandquecke.

Bedingungen etwa einen Liter Wasser je Stunde durch ihre Kiemen, was an einem Tag etwa zehn Liter bedeutet, weil bei Niedrigwasser zwangsläufig eine Pause eintritt.

Uns fällt auf, dass die stehengebliebenen Holzstrünke der Lahnung über und über mit scharfkantigen Gehäusen bedeckt sind, ein Zeichen, dass wir an der Seepockenzone angelangt sind. Seepocken (BALANUS BALANOIDES) sind kleine Rankenfüßer und gehören zu jenen Krebsen, die sich an ausgewählten Orten einnisten und eine reglose Lebensweise bevorzugen. Im Jugendstadium sind sie noch frei beweglich und schwimmen als Larven im Wasser umher, bis sie einen passenden Untergrund gefunden haben. In diesem Zustand der Ruhe wird die Larve umgewandelt. Die noch weiche Schale sammelt Kalk an und es bilden sich Kalkplatten, die oben eine Öffnung freilassen, aus der die Rankenfüße hervortreten können, um für eine ständige Erneuerung des Atemwassers und damit auch für die Zufuhr von Nahrung zu sorgen. Die Öffnung kann bei Gefahr und bei Niedrigwasser, wenn die Seepocke längere Zeit trockenliegt, durch ein paar Schild- und Rückenplatten verschlossen werden.

Nach so vielen interessanten Beobachtungen genießen wir die Rücktour übers Watt mit ganz anderen Augen. Wirkten die schlammigen, grauen Weiten doch anfangs so lebensfeindlich, erkennen wir nun einen tierreichen, dicht besiedelten Lebensraum.

Gewitter über den Inseln und im Wattenmeer

An heißen Tagen, wenn die Luft schwül ist und in der Fernsicht vibriert, beginnen die Inseln aus dem Meer zu steigen. Losgelöst vom Wasser scheinen sie in der Luft zu schweben wie eine Fata Morgana, scheinbar zum Greifen nah und doch unerreichbar. Sie schwimmen am Horizont und eine besondere Faszination geht von ihnen aus.

Keiner von uns rechnet zu diesem Zeitpunkt mit einem so gewaltigen Gewitter, das uns kurz vor Erreichen der Insel mit Blitz, Donner und Hagel überrascht. Nur weit im Westen verfärbte sich die Wolkenanhäufung und die sich auftürmenden Altocumulus-Wolken nahmen in kurzer Zeit bedrohliche Farben an - erst grauschwarz mit zerfließenden gelben Rändern, dann rötlich und ganz zerrissen, immer schneller auf uns zuziehend. An ein Umkehren ist nicht mehr zu denken, zu nahe sind wir schon am Wattenfahrwasser und nun gilt es, wenigstens die ersten Dünen zu erreichen, um nicht ganz schutzlos dieser Gewitterfront ausgeliefert zu sein.

Ein eigentümlicher Klang erfüllt die Luft und ein leises Brodeln und Zischen ist im Schlick zu hören. Milliarden kleinster Organismen atmen und bewegen sich hier im Sediment, unentwegt zerplatzen kleine Gasblasen, die vom Grunde aufsteigen, wo eine ständige Zersetzung stattfindet. Wie winzige schwarze Berge erscheinen uns die Wattwurmhäufchen auf der nassen, glänzenden Fläche, auf der überall Austernfischer laufen, Regenpfeifer stochern und eine große Zahl Silbermöwen durch flache Priele und Pfützen schreiten. Ihr Verhalten hat nichts mehr mit reger Nahrungssuche zu tun, eine große Unruhe hat auch die riesigen Vogelschwärme erfasst. Ein eigenartig schimmerndes Licht liegt über allem, groß und klar stehen die Spiegelbilder der Vögel in den Wasserflächen und auf dem nassen Schlick. Übermäßig groß erscheinen in der Ferne die Pricken entlang des Wattenfahrwassers. Es fehlt uns in dieser Weite jede Vorstellung für wahre Größe und das Flimmern der Luft täuscht uns zusätzlich falsche Dimensionen vor.

Noch ist Ebbezeit, noch sind die Watten frei von Wasser. Im Nordwesten, wo das tiefe Seegat fließt, zieht sich als langer weißer Streifen die Meeresbrandung hin, aufgewühlt durch den aufkommenden Gewittersturm.

Gewitter über Inseln und Watt

Mit dem Fernglas können wir sehen, wie es dort spritzt und schäumt und die Wellen immer höher gehen. Auch durch die großen Priele ist mittlerweile Wasser auf die Wattflächen zwischen den Inseln gekommen – wie bei jeder Flut, nur dass es heute durch den auflandigen Gewittersturm schneller geht, viel schneller als sonst. Wir queren das Wattenfahrwasser und spüren, dass die Strömung schon bedrohlich an unseren Beinen zerrt. Der Himmel hängt immer tiefer, die Temperatur sackt nach unten, in Richtung Nordwest gehen über der Inselstadt schon erste heftige Regen- und Hagelschauer nieder. Jetzt merken wir auch, dass der Wind kräftig auffrischt. Es ist mehr wie ein Pfeifen und Heulen, als er über das flache Watt streicht und Schaumflocken vor sich hertreibt.

Als wir ganz außer Atem die Salzwiesen erreichen, sehen wir, dass das auflaufende Wasser schon an den Abbruchkanten leckt und das Treibsel der alten Flutmarke vor sich herschiebt. Es ist höchste Zeit, die Salzwiesen zu durchqueren und zu verlassen, denn der aufkommende Sturm, der die Wassermassen herandrängt, verwandelt Priele und tiefere Stellen in unüberwindliche Wasserläufe. Und dann, kurz vor den Dünen, entlädt sich das Stürmen und trifft uns mit seiner ganzen Energie. Regengüsse prasseln auf uns nieder, vermischt mit kirschgroßen Hagelkörnern. Auf den harten, pflanzfreien Bodenflächen der Salzwiese prallen die Regentropfen ab und springen wieder in die Höhe. Aus verschiedenen Himmelsrichtungen zucken in der Dunkelheit grelle Blitze, gefolgt von ohrenbetäubendem Donner. Ein Zeichen, dass das Zentrum des Gewitters genau über uns liegt. Es herrscht Weltuntergangsstimmung. Ringsum ist die Atmosphäre mit Spannung geladen. Einige Silber- und Sturmmöwen sind noch in der Luft. Man erkennt sie für Augenblicke, wenn das Licht der Blitze die Unwetterbühne erleuchtet. Dann laufen lange, rot gezackte Blitze quer über den Himmel, in Sekundenschnelle spielt sich alles ab. Es donnert und kracht ringsum. Regen und Hagelkörner prasseln mit solcher Wucht auf die Rettungsdecke, die wir übergezogen haben, dass es Schmerzen bereitet und uns darunter frieren lässt. Die Blitzeinschläge, die im nahen Watt geschehen und den Luftdruck ausbreiten, lassen uns erschauern. Der augenblicklich folgende Donner klingt hart, schneidend und schmetternd. Die Welt scheint aus den Fugen zu geraten.

Nach etwa einer Stunde lassen die Einschläge in ihrer Heftigkeit nach. Weiter entfernt Richtung Festland greifen nun die Blitze mit ihren langen Fingern gierig in die spannungsgeladene Atmosphäre. Auch die Abstände zwischen Blitz und Donnergrollen werden länger und zeigen uns, dass sich die Gewitterfront langsam entfernt.

Über dem weißen Dunst rötet sich nordostwärts der Himmel, und nicht lange dauert es, bis die Nebelschleier in wehende Schwaden zerfließen und wieder ein Bild freigeben, das uns glauben lässt, das eben Erlebte nur geträumt zu haben. Es liegt ein seltsamer Zauber über den Dünen und Salzwiesen und allerorten setzt ein vielstimmiger Chor von Vogelstimmen ein. Es ist, als würde alles zu neuem Leben erwachen. Wieder einmal hat uns die Natur vor Augen geführt, wie klein und hilflos wir Menschen solchen Gewalten gegenüberstehen. Gewitter sind letztlich für den Wattwanderer sehr gefährlich, denn er stellt in den ebenen Watten und Salzwiesen die einzige Erhebung dar und ist sozusagen ein wandelnder Blitzableiter.

Ein eigenartig schimmerndes Licht liegt über allem.

Seegat zwischen Juist und Norderney

Am Norderneyer Strand

Ein warmer Julimorgen und ruhiges Sommerwetter waren ideale Voraussetzungen für eine Strandwanderung, reichlich früh, denn der Tidekalender sagte für 7 Uhr 30 Niedrigwasser vorher. So ging es mit der ersten Fähre von Norddeich über das im Morgendunst liegende Wattenmeer zum Norderneyer Hafen und von da aus mit dem Bus weiter zum östlich gelegenen Parkplatz in den Dünen. Eine gemischte Gruppe, Jung und Alt und manche noch zerzaust von der vergangenen Nacht, lauscht jetzt meinen ersten Erklärungen und Tipps. Nach einem kurzen gegenseitigen Beschnuppern wird der Anstieg der sich vor uns aufbauenden Dünengruppe bis zum höchsten Punkt gemeistert.

Oben angekommen, erwartet uns ein unvergesslicher Ausblick. Ein endlos scheinender breiter Strand erstreckt sich vom Westen bis zum Ostteil der Insel in einer Länge von 13 Kilometern. Die schäumende und sich überschlagende Brandung wird heute vom Nordwest weit den Strand hinaufgespült. Selten kann unser Blick so in die Ferne gehen wie hier auf der Insel mitten im Meer. Aber wohin zuerst schauen? Vor unseren Augen im Norden die graugrüne Fläche der See, die auch heute nicht leer ist. Mitten vor der Insel liegt in etwa sechs Seemeilen Entfernung die „Ozeanic". Der Notschlepper hat die Funktion, einem Schiff, das seine Manövrierfähigkeit eingebüßt hat, mit einer Schleppverbindung zu Hilfe zu kommen und es so weit zu schleppen und gegen Wind und Seegang in kontrollierter Verdriftung zu halten, bis der Havarist von Bergungsunternehmen gefahrlos übernommen werden kann. Denn seewärts verläuft der Schiffsverkehr von der Elbe bis zum Englischen Kanal auf zwei großen - Autobahnen vergleichbaren - Verkehrstrennungsgebieten, um die Kollisionsgefahr durch direkten Gegenverkehr zu mindern. Die beiden Spuren dieser meistbefahrenen Schifffahrtsstraße Europas erstrecken sich wenige Seemeilen entlang der Ost- und Westfriesischen Inseln und treffen sich in ihrer Verbindung zur Elbe bei Helgoland. Heute - bei klarer Sicht - können wir von unserem Standpunkt aus einen großen Tanker und zwei Containerschiffe mit unseren Ferngläsern verfolgen, bis sie endlich hinter dem Horizont verschwinden. Zuerst scheint der Rumpf unterzutauchen, dann allmählich die Aufbauten, bis zuletzt nur noch die Masten über die Erdkrümmung ragen. Manchmal werden Schiffe auf magische Weise durch eine Luftspiegelung über den Horizont gehoben und die Rümpfe erscheinen noch einmal umgekehrt, wirklich und gespiegelt. Zwei vor der Insel fischende Kutter vervollständigen das sich dem Auge darbietende Panorama.

Manch schmaler Priel weist starke Strömung auf.

Den Abstieg hinunter zum Strand erleichtert uns ein Holzsteg und nach dem Queren des FKK-Strandes, der um diese Tageszeit noch menschenleer ist, stehen wir - nachdem das Schuhwerk abgestreift und im Rucksack verstaut ist - in herrlich weichem Sand, durchsetzt mit Muschelschalen in unterschiedlichsten Farben und Formen. Am häufigsten im breiten Spülsaum finden wir die Gewöhnliche Herzmuschel (CARDIUM EDULE). Die Farbe ihrer gerippten Schale variiert von weißlich-gelb über bräunlich bis zu blaugrau. Die Färbung spiegelt ihren Lebensraum wider, je tiefer ihr Vorkommen in der Nordsee, desto dunkler erscheint ihre Schalenfärbung. Weiter finden wir die Schalen der Baltischen Plattmuschel (MACOMA BALTICA), die auch Rote Bohne genannt wird. Ihre Schale hat eine rote, gelbe, manchmal auch blaue Färbung, und wenn man sie auf der Handfläche betrachtet, wirkt sie pergamentartig und zerbrechlich. Die Nachtflut hatte wieder eine große Menge davon angespült.

Unsere Wanderung führt uns in Richtung Osten und vor uns tauchen breite Sandbänke auf - hier und da von bis zu knietiefen Prielen und Aushöhlungen durchzogen. Nahe am Strand sind diese Priele meist seicht, aber weiter draußen sind sie breiter und tiefer, und da sie meist starke Strömungen aufweisen, ist das Schwimmen darin äußerst gefährlich. Selbst gute Schwimmer können hier in extreme Gefahr geraten und von der Strömung mitgerissen werden. Häufig finden wir heute auch die weißen bis rahmgelben Schalen der Ame-

Farbtupfer auf der Hand: Blaue Nesselqualle (l. u. r.) und ein Fetzen Meersalat.

rikanischen Bohrmuschel (PETRICOLA PHOLADIFORMIS), auch liebevoll Engelsflügel genannt. Die Bohrmuschel hat eine längliche Form, deren Vorderteil radiäre, zackige Rippen aufweist, mit deren Hilfe sie sich in Torf, Holz, Klei oder weiches Gestein bohren kann, wenn sie sich im Larvenstadium dort festgesetzt hat. Der suchende Blick einiger Teilnehmer lässt auch einige vom überwehenden Sand bedeckte Schalen der Europäischen Auster (OSTREA EDULIS) entdecken, ein gern gesammeltes Souvenir der Nordseeküste. Diese grau gefärbte, kräftige Muschel soll im vorigen Jahrhundert durch übermäßige Befischung sowie eine parasitäre Krankheit aus dem Wattenmeer verschwunden sein. Die meisten der gefundenen Schalen dürften denn auch fossil sein und aus dieser Zeit stammen.

Während eines kurzen Durchatmens, denn für einige Teilnehmer scheint das Gehen im weichen, tiefen Sand doch kräftezehrend zu sein, erkläre ich meiner Gruppe, wie die Strände der Inseln ständigen Veränderungen und Verschiebungen ausgesetzt sind. Sandbänke und Priele verlagern sich und wo in diesem Jahr der Strand bei Ebbe ein Gewirr von Wasserläufen und Strandtümpeln zeigt, da kann man im nächsten Jahr vielleicht eine sanft abfallende Fläche sehen, erst weit draußen von Prielen und Aushöhlungen durchzogen, und die Sandbänke liegen bei Niedrigwasser meist offen zutage. Noch weiter draußen kann man an den Brandungsstreifen erkennen, dass dort große Sandriffe liegen und von gischtversprühenden Wellen überspült werden. Diese ausgedehnten Riffe werden ständig von der Strömung von Westen nach Osten verlagert, ein großer Teil der Sandmassen an den Strand gespült, von der Sonne getrocknet und vom Wind schließlich weitertransportiert. Es sind Millionen Tonnen Sand, die auf diese Weise verlagert werden, nicht nur am Strand von Norderney, sondern die ganze Kette der West- und Ostfriesischen Inseln entlang.

Der eingeschlagene Weg führt uns weiter an eine größere Vertiefung, welche von der starken Strömung in die Sandbank gerissen wurde. Das mit großer Macht einströmende Wasser wirbelt noch immer Sandpartikel und feinste Torfreste durcheinander - Überbleibsel einer längst vergangenen Zeitepoche. Am Rande dieser Auskolkung finden wir massenweise angespülte Schwertmuschelschalen (ENSIS ENSIS), zum Teil bis zu 20 Zentimeter lang, schmal, bogenförmig, mit gelbbraunen Rändern und in der Mitte rosaweiß schimmernd. Auch einige Sandklaffmuscheln (MYA ARENARIA) sind hier angespült worden.

Die Zahl der Funde im Spülsaum will heute kein Ende nehmen. Die am häufigsten angeschwemmte Qualle am Norderneyer Strand ist die einer Kompassrose gleichende Kompassqualle (CHRYSAORA HYSOSCELLA). Sie ist meist wunderschön gezeichnet und mit 16 gelb bis rotbraun gefärbten Radialbändern versehen. Da alle Quallen aus bis zu 98 % Wasser bestehen, ist ihr Schicksal nach dem Anlanden im Spülsaum in kürzester Zeit besiegelt. Die blanken Gallertschirme trocknen dann vom Rande her langsam aus und am Ende bleibt nur noch ein Häufchen Haut im Sand liegen. Jeder in der Gruppe kann eines der gefundenen Exemplare in die Hand nehmen und ihre Glockenzeichnung sowie ihre für den Menschen ungefährlichen Tentakel ausgiebig bewundern. Auch finden wir noch einige recht gut erhaltene blaue Nesselquallen (CYANEA LAMARCKII), doch trotz ihres kornblumenblauen Aussehens und ihrer fein gestrichelten Zeichnung auf dem Schirm sind wir vorsichtig und lassen sie im Sand liegen. Denn wir wissen, dass ihre Kapseln an den Tentakeln stark nesseln und unangenehme Verbrennungen hervorrufen können.

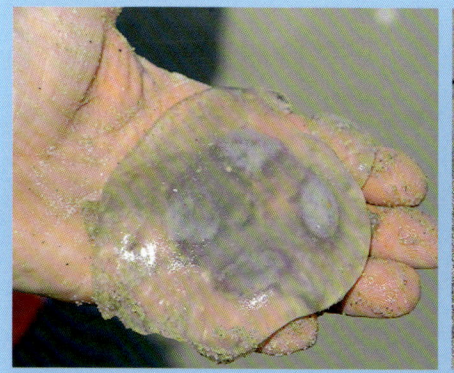 

Links: Frisch angespülte Ohrenqualle, rechts: am Ende bleibt von den Quallen lediglich ein Häufchen geleeartige Masse übrig.

Wenn wir – wie heute – bei herrlichem Sommerwetter in der frischen Meeresbrise wandern, begleitet nur vom Lied der Wellen und dem Geschrei der Möwen, möchten wir glauben, dass es immer so sein könnte: das weite, sanft wogende Meer, Sonne, Wind und Wellenrauschen. All das ist machtvoll genug und kaum ahnen wir die furchtbaren, zerstörerischen Kräfte, die in den Elementen schlummern. Hat man aber nur eine einzige Sturmflut miterlebt, eine Sturmflut, die meterhohe Wellen den Strand hinauf bis an die Dünen rollen lässt, dann wird erschreckend klar, welch ungeheure Gefahren die Insel im Laufe der Jahrhunderte bestanden hat und gewiss auch noch bestehen muss.

Bei unserem Weitermarsch stoßen wir auf dicke Klumpen von Blasentang (Fucus vesiculosus) und die zarten, grünen Blattfetzen des Meersalates (Ulva lactuca). Dazwischen bleichen in der Sonne mehrere Tintenfischschulpe, bis zu 20 Zentimeter lange,

Von oben nach unten:
Eiballen der Wellhornschnecke; Blasentang;
Europäische Auster;
Schwertmuschel- und Scheidenmuschelschalen

kalkige Rückenpanzer, die von den immer wieder in die Nordsee einwandernden und dort absterbenden Tieren (Sepia officinalis) stammen. Und wären diese Funde nicht schon mehr als genug, beschert uns der sanft wehende Wind die federleichten, graugelblichen Eikapselballen der Wellhornschnecke (Buccinum undatum), die in den tieferen Regionen der Nordsee lebt und bis zu kinderfaustgroß werden kann. In jeder einzelnen erbsengroßen Kapsel dieser Laichballen befanden sich bis zu 2 000 Eier, von denen jedoch nur etwa zehn befruchtet waren. Die übrigen dienten den Embryonen als Nährmasse sowie als Schutzhülle gegen Feinde.

Allmählich merken wir, dass die Flut eingesetzt hat, denn das Wasser steigt mit langen Wellenschlägen wieder den Strand hinauf. Wir können sehen, wie sich der Flutsaum mit jeder neu anrollenden Welle immer höher verlagert und rasend schnell trockengefallene Rinnsale, Priele und ausgehöhlte Vertiefungen geflutet werden. Der Eindruck ist erhebend – und die wenigsten von uns konnten je so eindringlich und packend dieses Naturschauspiel beobachten. Staunend setzen wir unsere Wanderung fort und stehen nach wenigen Metern vor massenhaft ausgespülten Strandkrabben (Carcinus maenas). Hohl und zertrümmert liegen hier überall ihre Panzer, Scheren und Gliedmaßen – ihre Weichkörper dienten schon Möwen zum Fraß. Dazwischen liegen Mengen von Miesmuschelschalen (Mytilus edulis), weiß getupft von ihrem Bewuchs mit Seepocken (Balanus balanoides) – jenen kleinen, in kalkigen Gehäusen lebenden Krebstierchen, die auch die Ebbezeit ohne Wasser gut überstehen können.

Nun haben wir unser gestecktes Ziel erreicht, einen Markierungspflock für den Dünenweg, etwa vier Kilometer vom Ostende der Insel entfernt und für uns Wanderer wird es Zeit, langsam Abschied zu nehmen von einem Strandbesuch, der uns ganz neue Eindrücke vermittelt und unglaublich viele, interessante Strandfunde geschenkt hat. Ein letzter Rundblick, ein tiefes Einatmen der klaren, jodgetränkten Nordseeluft, und wir schlagen den Rückweg ein durch die Dünen. Begleitet werden wir von dem wehmütigen Gefühl, diesen wunderschönen Lebensraum verlassen zu müssen.

Am Strand von Norderney

Von der symmetrischen Figur zur Plattfischform

Immer wieder werde ich bei Wattwanderungen gefragt, wie die Umwandlung einer erst normalen Fischgestalt in die Plattfischform geschieht. Nun, je nach Wassertemperatur laicht die weibliche Scholle von Januar bis Juni, wobei sie bis zu 500 000 freischwimmende Eier abstößt. Nach etwa zwei bis drei Wochen schlüpfen aus den Eiern die Larven, die eine normale, symmetrische Form besitzen, bis dann nach zwei bis drei Monaten die Umwandlung zum Plattfisch beginnt. Bei den Larven vollzieht sich die Umwandlung von der bilateral-symmetrischen Gestalt, der normalen Fischgestalt, in die Plattfischform. Die Umwandlung wird an mehreren Organen deutlich. Ein asymmetrisches Schädelwachstum lässt das linke Auge auf die rechte Körperseite wandern und stellt das Maul schief. Rücken- und Bauchflossen setzen gleich hinter dem Kopf an. Die linke Körperseite wird zur physiologischen Bauchseite. In ihrer Haut verschwinden die Pigmente. Die Veränderung der Gestalt geht überdies einher mit einer Änderung im Verhalten.

Als Bodenbewohner verbirgt sich die Scholle im lockeren Sediment des Sandes. Sie gräbt sich mit Hilfe einiger ruckartiger Bewegungen ein. So geschützt, kann sie mit teleskopartig vorspringenden, beweglichen Augen ihre Umgebung nach Nahrung absuchen. In den Monaten März bis Mai, wenn die Larven ihre Kinderstube besetzen, enthält der Flutstrom stets dreimal so viel Schollenbrut wie der Ebbstrom. Und jedes Mal ist der Anteil älterer Larven im Ebbstrom deutlich geringer als jener von Larven in jüngeren Entwicklungsstadien.

Die Gezeiten im Wattenmeer bestimmen grundsätzlich den Tagesrhythmus der jungen Schollen. Bei Niedrigwasser bevölkern sie die großen Wattströme, mit der aufkommenden Flut lassen sie sich auf ihre Weidegründe, die Wattflächen, tragen. Hier ernähren sie sich im ersten Sommer vor allem von kleineren Polychaeten, den Siphonen der Muscheln und von kleineren Krebsarten. Etwa vier Monate halten sich die jungen Schollen im Wattenmeer auf. Sie wachsen in dieser Zeit bis zu einer Länge von acht bis zehn Zentimetern heran. Mit Beginn der kälteren Jahreszeit verlassen sie ihr Aufwuchsgebiet und überwintern in tieferen Gewässern vor der Küste. Auch in den nächsten

Endloses Watt unter weitem Himmel.

beiden Sommern dringen die Jungschollen wieder ins Wattenmeer vor. Die Zusammensetzung ihrer Nahrung ändert sich jedoch mit dem Heranwachsen. Größere Borstenwürmer, Garnelen und Muscheljungbrut dienen jetzt überwiegend als Nahrungstiere, in der Gesamtnahrung aber sind sie mit unterschiedlichen Anteilen vertreten. Etwa 23 % der Schollennahrung besteht aus Muscheln, 15 % aus Krebsen und der Rest aus Borstenwürmern. Nach der Geschlechtsreife suchen Schollen nur noch selten die Wattflächen auf. Von jetzt an gehören auch Tiere, die im Watt kaum vorkommen, wie etwa Seescheiden und Stachelhäuter, zum festen Bestand ihrer Beutetiere.

Schollen sind wahre Meister der Tarnung. So können sie die Farbe des Untergrundes, auf dem sie liegen, annehmen und sich bei drohender Gefahr durch Räuber blitzschnell in das Sediment eingraben. Dann schauen nur noch die Augen hervor, wobei das eine nach vorne, das andere gleichzeitig nach hinten sehen kann. Dadurch überblicken sie ihren Lebensraum optimal und sind auf Gefahren und Störungen meist gut vorbereitet.

Fischerei im Wattengebiet

Fischerei im ostfriesischen Wattenmeer wird es gegeben haben, so lange Menschen diesen Küstenraum besiedeln. So berichtet der römische Schriftsteller Plinius von seiner Reise an die Nordseeküste um 50 n. Chr., dass die damaligen Küstenbewohner, die Chauken, bei Ebbe ihre Behausungen verließen, um den Fischen nachzustellen. Und dass die Friesen, die etwa seit dem 8. Jahrhundert hier siedelten, ebenfalls Fischfang betrieben, belegen archäologische Funde des 20. Jahrhunderts.

Genauere Einzelheiten über die Wattfischerei erfahren wir erst seit dem Ende des Mittelalters. So geht zum Beispiel aus einem Vertrag von 1493 zwischen den ostfriesischen Grafen Edzard und Uko Cirksena und der Stadt Hamburg hervor, dass nicht nur ostfriesische Fischer im Watt fischen konnten, sondern auch hansische Fischer, die den Schollenfang gegen bestimmte Abgaben betreiben durften. Alten Kirchenbüchern aus dem 17. und 18. Jahrhundert zufolge hatten die Küstenbewohner festgesetzte Mengen von Fischen als eine Art Steuer abzuliefern. Demnach hatte die Wattfischerei zu jener Zeit schon einen hauptgewerblichen Charakter, während der Frischfischfang – damit war hauptsächlich der Schellfischfang auf hoher See gemeint – erst zu Anfang des 19. Jahrhunderts in Gang kam.

Eine der ältesten Fangweisen, das „Buttpricken", hat sich noch bis zum Anfang des 19. Jahrhunderts erhalten. Mit einer Gabel mit sieben Zinken, der sogenannten „Prick", die mit Widerhaken besetzt war, wurden die Plattfische in den Prielen aufgespießt. Eine andere Methode war das „Buttwandsetten". Dabei wurden mehrere mit Köder versehene Angelhaken an langen Leinen befestigt und bei Ebbe zwischen zwei Pfählen im Watt ausgespannt und nach dem nächsten Hochwasser mit den gefangenen Fischen wieder aufgenommen. Auch diese Fangart hat sich noch lange erhalten, ebenso das bekannte Fischen mit „Reusen", etwa meterhohen, winkelartig aufgestellten Schilfflechtwänden, an deren Ende sich ein Netz („Haam") befand, in dem sich die Plattfische verfingen. Die erfolgreichste Wattfischerei erfolgte jedoch mit den sogenannten Schniggen, eigens für diesen Zweck gebauten Booten mit niedrigem Tiefgang. Man benutzte ein Netz, das in der Mitte eine beutelförmige Vertiefung hatte und deshalb „Kuhle" genannt wurde. Zu Beginn des 19. Jahrhunderts wurde die Schnigge abgelöst durch die Schaluppe („Sluup").

Als wahrer Segen erwies sich der Schellfischfang im Watt im 18. Jahrhundert für die Norderneyer Fischer. Schellfisch wird zwar auf offenem Meer gefangen, aber die Norderneyer hatten sich darauf spezialisiert, diesen Fisch mit langen Angelleinen zu fischen. Dafür benötigten sie Unmengen von Pierwürmern als Köder. Um 1850 etwa wurden täglich 125 000 bis 200 000 Würmer benötigt, wodurch über 500 Frauen und Kinder ihren Broterwerb hatten. Das mühsame Geschäft des Würmergrabens mit der dreizackigen „Gräp", das sogenannte „Dilven", sowie das Aufstecken auf die Angelhaken, das „Eesen", brachte damals für 600 Würmer 60 bis 70 Pfennige.

Auch den Reichtum an Gliedertieren machten sich die Küstenbewohner zunutze. Die im Wattenmeer stark verbreiteten Garnelen – auch Granat genannt – wurden früher nur mit stehendem Fanggerät, aufgestellten Netzen und Körben sowie mit kleinen Schleppnetzen, den „Skuuvhamen", gefangen. Diese wurden, an langen Stielen befestigt, von den Fischern über den Wattboden geschoben. Erst kurz vor Ende des 18. Jahrhunderts schafften sich die Fischersleute Krabbenkutter an. So gab es in Greetsiel um 1900 fünf Kutter, 1914 waren es 13, 1939 schon 35, 1970 war ihre Zahl auf 39 angewachsen, heute sind es knapp 30 Kutter. Ähnlichen Zuwachs gab es in den anderen Kutterhäfen. An ihnen lässt sich deutlich der große Aufschwung der Krabbenfischerei in den vergangenen Jahrzehnten ablesen. Insgesamt hatten 1972 rund 150 Kutter in Ostfriesland ihre Heimathäfen. Der momentane Kutterbestand beläuft sich auf etwa 140 Schiffe, was zwar auf den ersten Blick eine Verringerung bedeutet, jedoch nicht die gestiegene Leistungsfähigkeit der Fangschiffe berücksichtigt. Je nach wirtschaftlicher Lage galt das Hauptinteresse der Fischer mal dem Fang von Speisegarnelen, mal dem Fang von kleinen Futterkrabben, die in Röstereien, sogenannten „Darren", gedörrt und dem Geflügelfutter beigemengt wurden.

Von großer Bedeutung für die Wattfischerei erwies sich bis in die heutige Zeit der Fang der Miesmuschel. Sie fand im Watt bisher günstige Lebensbedingungen vor und wurde schon in früheren Zeiten, wenn im Winter der Fischfang ruhte, schiffsladungsweise auf das Festland verkauft. Als während des Ersten Weltkrieges die Nahrungsmittelknappheit zunahm, bedeutete dies für den Muschelfang Hochkonjunktur. Damals wurden von der Ostfriesischen Muschelvertriebsgesellschaft zirka 30 000 Zentner im Werte von 3,5 Millionen Mark unter die Leute gebracht. Heute betreuen drei Schiffe die „Muschelgärten" zwischen den Ostfriesischen Inseln und Norddeich.

Im Zusammenhang mit dem Muschelfang muss noch eine besondere Erwerbsquelle genannt werden: das Abgraben des Schills, also der großen Ansammlung leerer Muschelschalen in der Nähe der Inseln. Gebrannt ergab der Schill einen brauchbaren Kalkersatz. Eine besondere Technik, das „Schillbögeln", ermöglichte den Fischern erstaunliche Erträge. Ein an einem langen Holzstab befestigtes, mit kräftiger Einfassung bestücktes Netz wurde hierbei über die Schillfelder gezogen, bis das Netz gefüllt war. Unter Zuhilfenahme eines Strickes, der oberhalb des Netzes befestigt war, wurde der Schill von einem zweiten Fischersmann anschließend ins Boot gezogen. So holte ein Fischer während einer Tide bis zu 30 Tonnen Schill heraus. Schillmuschelkalk fand unter anderem Verwendung für Fußbodenplatten, Spezialsteine, Grabsteinplatten, Ziersteine und Düngekalk.

Aber der Mensch hat nicht nur die Lebewesen im Watt, sondern auch den Schlick selbst zu nutzen verstanden. Früher wurde diese dunkel-graublaue Masse in großen Mengen abgegraben und als Naturdünger in sandige Gegenden Ostrieslands gebracht, um nährstoffarmen Boden fruchtbar zu machen. Auch in der modernen medizinischen Heilpraxis findet der Wattschlick bei vielen Krankheiten Anwendung wegen seines Gehaltes an Tonerde, Schwefel, Salzen, Chlor, Kieselsäure und zahlreichen Oxyden. In den insularen Kurmittelhäusern wird er in Form von Bädern als natürliches Heilmittel unter anderem gegen Hautleiden, Durchblutungsstörungen und Rheuma verordnet.

Von großer Bedeutung bis in die heutige Zeit ist der Miesmuschelfang.

Winter im Watt

Winterwanderung übers Watt nach Norderney

Auch die kalte Jahreszeit ist für Wattwanderungen nicht ohne Reiz. Versehen mit Gummistiefeln und also trockenen Fuße kann es heute endlich über das zum Teil vereiste Watt von Neßmersiel nach Norderney gehen. Ein prächtiger Sonnenaufgang und knackig kalte Temperaturen versprechen uns einen unvergesslichen Tag. Jede Wanderung übers Watt bedeutet, neue Wunder zu erleben, erst die großen augenscheinlichen und dann – beim näheren Hinsehen – die Wunder im Kleinen. Jedes Mal erlebt man von Neuem, wie die Wunder dieses Lebensraumes ständig in Veränderung begriffen sind, sich stetig in Bewegung befinden.

Der sonst bei Sommerwanderungen benutzte Damm zum Außentief ist mit seiner vereisten Kappe heute nicht begehbar, so dass wir gleich das erste Schlickfeld mit etwas Mühe queren müssen. Anfangs ist es mehr ein Tasten, Stolpern und Rutschen über kleine Eisschollen und das tückische Grundeis, das mit einer etwa zehn Zentimeter dicken, matschigen Schlickmasse bedeckt ist. Nach etwa 800 Metern betreten wir festes Watt und können unsere Schrittfolge erhöhen, bis wir die ersten noch vorhandenen Miesmuschelfelder erreichen. Auch erste Kolonien der Pazifischen Auster (CRASSOSTREA GIGAS) scheinen hier einen idealen Untergrund gefunden zu haben. Die Felder sind schnell durchquert, erstaunlich wenig Schlickansammlung behindert unser Durchwaten, und wir erreichen den ersten höheren Sandrücken mit gefrorenen, bizarr erscheinenden Abbruchkanten.

Ein kurzer Einhalt beschert uns ein Panorama, das von der langsam aufsteigenden Sonne in zartes Licht gehüllt wird, und eine spürbare Stille breitet sich über den Wattflächen aus. Drüben liegt der Baltrumer Hafen, doch kein geschäftiges Treiben stört die winterliche Ruhe. Die Wichter Ee, der Durchlass zwischen Norderney und Baltrum, zeigt nur eine leichte, weiß aufschäumende Brandung. Links davon liegt der alte, rostige Schillsauger aus Bensersiel, die Ostmarke der Insel Norderney. Und auch die Seehundbänke scheinen heute verwaist. Im Nordosten blitzt im Sonnenlicht der Wasserturm, das Wahrzeichen von Langeoog, zu uns herüber, und im Südwesten ziehen zwei Fährschiffe der Frisia-Linie gemächlich ihre Bahnen – alles zum Greifen nah an diesem klaren Januarmorgen.

Eine große Anzahl von Austernfischern hat sich am Priel versammelt.

Eine große Anzahl von Austernfischern, die sich lärmend an einem Priel versammelt hat, holt uns zurück aus unserer Betrachtung. Nach dem Queren des von der Wasserscheide herführenden, heute nicht mal 20 Meter breiten Priels, der nach etwa 500 Metern in die Ausläufer der Ostbalje mündet, betreten wir festes, ansteigendes Mischwatt mit großen, asymmetrischen Rippelmarken, die bedeckt sind mit den unterschiedlichsten Eisformen. Zwischen den einzelnen Prall- und Gleithängen dieser Rippeln breitet sich Pulvereis aus, das sich aus feinsten kleinen Kügelchen zusammensetzt und fast ohne Eigengewicht und ganz aufgelockert auf der Wattoberfläche liegt. Bei jedem Anheben des Fußes stiebt das Pulvereis auseinander, wie schwereloses Material mit einem leisen, kaum vernehmbaren Rascheln. Auf den Rippelkämmen hat sich durch den Frost „Sterncheneis" gebildet – mehrere Zentimeter dicke Schichten aus Eiskristallen, die durch Gefrieren des Verdunstungswassers entstanden sind und in der aufsteigenden Sonne funkeln wie kleinste Edelsteine.

Die folgenden 1000 Meter bis zum Wattenfahrwasser bewältigen wir beinahe im Laufschritt, und das träge, scheinbar strömungslose Rinnsal wird heute gerade mal knöcheltief durchwatet. Wie wir sehen können, haben vereinzelte Pricken die vergangenen Wintermonate nicht ohne Blessuren überstanden. Und dann stehen wir auch schon in den Austernfeldern mit ihren bizarren Gebilden, die teilweise zu großen Klumpen verwachsen sind. Diese fremde Muschelart hat in kürzester Zeit große Teile des ostfriesischen Wattenmeeres

Westwärts geht es am Flutsaum der Insel entlang.

erobert. Weiter geht es durch kniehohen, weichen Eisschlick, der schon eine festere, gefrorene Deckschicht gebildet hat, die bei jedem Eintauchen des Fußes erst durchbrochen werden muss, bis endlich die Bruchkante der Salzwiesen erreicht ist. Dieser faszinierende Lebensraum, im Spätsommer ein duftendes, violett leuchtendes Meer von Strandflieder, Beifuß und Grasnelken, hüllt sich zu dieser Jahreszeit in ein unscheinbares, fast abweisendes Grau.

Am Fuße der Möwendüne legen wir eine kurze Rast ein und sind enttäuscht, dass sich auch unser mitgenommener Kaffee den Außentemperaturen angepasst hat. An der Möwendüne gehen wir östlich vorbei und wählen den längeren Weg zum Strand durch den Dünendurchbruch, vorbei an vielen kleinen, neu gebildeten Vordünen und den durch Winterstürme arg zerzausten Weißdünen. Eine faszinierende Kulisse, eingerahmt durch die Nordseebrandung, erwartet uns und staunend nehmen wir dieses Naturschauspiel in uns auf. Dann geht es weiter, immer westwärts am Flutsaum entlang. Ein paar Sanderlinge, kleine Strandläufer, rennen mit ihren dünnen Beinchen immer in gewissem Abstand vor uns her, jeder Welle ausweichend und dabei angespültes Kleingetier aufpickend. Sie rennen so lange vor uns her, bis sie ihre Grenzen erreicht haben, um dann den gerannten Weg wieder zurückzufliegen. Auch wir haben nach kurzem Auf- und Abstieg über den Dünenkamm unser Ziel vor Augen und werden von Peter, dem freundlichen Busfahrer, im Linienbus zum Hafen mitgenommen, vorbei an einer bezaubernden Dünenlandschaft. Ein Wintertag im Wattenmeer, voll Ruhe, Kraft und Freiheit neigt sich dem Ende entgegen.

Im „Juister Watt"

Das Gebiet zwischen Norddeich und den Inseln Juist und Memmert bezeichnet der Wattläufer als das „Juister Watt". An der Küste entlang zieht sich das „Norddeicher Wattfahrwasser" in südwestlicher Richtung hin. Nachdem es die „Slapersbucht", einen nördlich verlaufenden Nebenpriel, aufgenommen hat, fließt es als „Bantsbalje" (nach der ehemaligen Insel Bant benannt) südlich um den Kopersand in die Osterems. Bant war eine große Marscheninsel und wurde durch den steigenden Meeresspiegel, vielleicht auch durch die Küstensenkung - im Jahrhundert sind es etwa 25 Zentimeter - seit der letzten Eiszeit bei jeder Sturmflut kleiner, bis sie etwa 1730 gänzlich verschwand. Man ist noch nicht sicher, was wirklich geschah. Die Wasserscheide des „Norddeicher Wattfahrwassers" liegt etwa nordwestlich der ehemaligen Funkstation von „Norddeich Radio". An dieser Stelle ist das Watt schon recht veränderlich, denn nördlich davon beginnt bereits leicht beweglicher Sandboden. Ein zweiter, etwa parallel nördlich dazu verlaufender Priel, von der „Slapersbucht" kommend, zieht hier seit einigen Jahren entlang. Gelegentlich fließt er auch direkt nach Nordosten weiter und vereinigt sich dann mit dem Fahrwasser in der nordwärts längsfließenden „Westerriede".

Hier, wo die Mauern des Hafenschlauches enden, nimmt das „Busetief" die Wassermassen der „Westerriede", des Hafenschlauches und der „Osterriede" auf und führt sie in anfangs nordnordwestlicher Richtung weiter, dorthin, wo die letzten Sände der Insel Buise etwa 1730 in den Fluten versanken. „Buise" oder „Burse" ist die Mutterinsel von Norderney. Einst lag sie als lang gestreckte Insel nördlich des heutigen Ostteils von Juist, wuchs durch die Sandverdriftung immer weiter nach Osten, bis dorthin, wo heute auf Norderney der bebaute Inselteil liegt. Eine Sturmflut zerriss im 14. Jahrhundert die Insel. Noch einige Jahrzehnte hindurch nannte man dann den abgetrennten Teil „Ostende" oder „Oesterende". Der Rest von Buise wurde immer kleiner und unbedeutender. Da „Ostende" im Sprachgebrauch der Ostfriesen kein Inselname ist, nannte man die neue Insel „Nye Norderoog" oder „Norder Neye Oog", was neue Norder Insel bedeutet. Sie wurde benannt nach dem ihr gegenüberliegenden Festlandsbereich. Im 16. Jahrhundert erhielt die neue Insel den Namen „Nordernei" beziehungsweise „Norderney". Die Insel wuchs schnell weiter nach Osten und verdrängte die damals in Höhe des heutigen Leuchtturmstandplatzes beginnende Großinsel Baltrum - oder anders ausgedrückt: das Seegat zwischen Norderney und Baltrum verlagerte sich schnell ostwärts.

Haufenwolken widerspiegeln sich in der Priellandschaft

Doch zurück zum „Juister Watt". Die Sandanhäufung nördlich des „Norddeicher Wattfahrwassers" nennt man „Itzendorf-Plate", nach dem 1717 ausgedeichten Ort Itzendorf, der etwa westlich der heutigen Seebadeanstalt in unmittelbarer Nähe des heutigen Deiches gelegen haben muss. Die „Itzendorf-Plate" ist eine riesige Sandfläche von fast sechs Kilometer nordöstlicher Ausdehnung, ohne trennende Priele dazwischen. Im Osten wird sie von den tiefen Wassern der „Westerriede" und des „Busetiefs" begrenzt, im Norden und Nordwesten von dem sich stets schnell verändernden Gewirr kleiner und großer, tiefer und flacher Priele und Vertiefungen um den Einzugsbereich der „Memmertbalje". Nach Südwesten wird sie durch den „Kopersand" abgetrennt.

Zwischen „Memmertbalje" und „Juister Wattfahrwasser" zieht sich über etwa zehn Kilometer in westlicher Richtung das „Nordland" hin, langsam zum Memmert hin ansteigend. In Höhe der Juister Brücke ist ein kleines Rinnsal mit eingeschlämmten Birkenstämmchen markiert, welches sich durch den Sand südwärts windet. Es ist der „Nordlandpriel", der nach Süden hin bald tiefer und breiter wird und sich dann auf langer Strecke durch weichen Sand schlängelt. Erst nahe der „Memmertbalje", wo mehr Wasserbewegung ist, wird der Boden wieder sandiger.

Memmert ist eine sehr junge Insel. 1907 wurde die Sandbank durch Freiherr von Berlepsch und dem Juister Lehrer Otto Leege vom preußischen Staat für den Vogelschutz gepachtet. Während der Brutzeit wachte ein Vogelwart auf der Insel und unterband den Eierraub durch die benachbarten Insulaner. Die ersten Dünenbepflanzungen wurden vorgenommen, um den aufgewehten Sand zu festigen. Erst seit 1920 wohnt ständig ein Inselvogt auf Memmert und sorgt für sein Wachstum und den Schutz der Seevögel. Am längsten arbeitete Reiner Schopf als Vogelwart, Inselvogt und Leuchtturmwärter in diesem Vogelparadies. Von 1973 bis zu seinem Ruhestand 2003 versah er mit Argusaugen seinen Dienst und machte es sich zur Hauptaufgabe, Vögel zu beobachten, zu zählen und vor Menschen zu schützen.

Es ist ein klarer Spätfrühlingsmorgen, als wir unsere Wanderung im weiten „Juister Watt" beginnen. Zwei Stunden vor Niedrigwasser brechen wir auf, die Sonne schickt eben die ersten Strahlen über den Horizont. Zunächst geht es durch tiefen Schlick bis an die Kabeltonnen. Hier liegt seit Jahren die Gasleitung nach Juist, die für die ersten 100 Meter ein mühevolles Vorankommen bedeutet. Nach dem Passieren des breiten Priels – möglichst auf Zehenspit-

Knietiefes Wasser muss in so manchem Priel überwunden werden.

zen, um nicht gleich ganz durchnässt zu werden – queren wir einen zweiten, etwas flacher verlaufenden Wasserlauf. Dann haben wir die erste Hürde geschafft und fester, leicht gerippelter Sandboden, nicht zu hart und nicht zu weich, macht das weitere Gehen zur Freude. Wir halten genau auf ein weithin sichtbares Bauwerk zu, einen alten Flakstand, der nurmehr aus Eisenschrott besteht und etwa acht bis neun Kilometer vom Norddeicher Badestrand entfernt in ungefähr nordwestlicher Richtung gelegen ist.

Sehr bald schon geraten wir in den Einzugsbereich eines südlichen Armes der „Memmertbalje". Von Süden kommende Nebenpriele münden hier in abwechslungsreicher Wattlandschaft in den westwärts abfließenden Nebenarm und veranlassen uns immer wieder, entweder nach einer flachen Mündungsschwelle zu suchen oder sie südlicher zu umgehen. Kleinflächig wechseln verschlickte Senken oder ehemalige Priele, Treibsände, feste Sandrücken und abgehobelte Flächen, aus denen die Schalen abgestorbener Sandklaffmuscheln halb herausragen – wie Sperrwerke gegen Barfüßler. Während das jenseitige nördliche Ufer recht steil aus dem Wasser ragt, gerät der Untergrund auf unserer Seite immer mehr ins Schwimmen durch Treibsand, der sich mit dem Wasser des Priels verbündet. Bei jedem Schritt wiegt der wellige Sandbrei unter unseren Sohlen und verwandelt sich in glitzernde Pfützen, die sich hinter uns wieder in scheinbar harte, trockene Konturen zurückverwandeln. Leichten Fußes folgen wir dem noch abfließenden Wasser des Prieles, das vom Gegenwind zu kräftigen, gegen den Strom rollenden Wellen aufgestachelt wird.

Es kommt uns vor, als laufe das Wasser schon wieder auf. Bald schon verändert sich die Bodenstruktur, und wir werden von einem großen Schlickfeld aufgehalten, so dass es uns ratsam erscheint, den Heimweg anzutreten, wollen wir noch einigermaßen trocken dem auflaufenden Wasser entfliehen.

Über große Flächen freigespülter Sandklaffmuschelschalen, durchzogen von kleinen Rinnsalen, in deren Biegungen dicke Schichten von Herzmuschelschalen zusammengespült liegen, geht es dann in Richtung „Slapersbucht". Abwechselnd begegnen wir fruchtbaren Herzmuschelfeldern, durchwachsen mit riesigen Ansammlungen des Bäumchenröhrenwurmes, vereinzelten Miesmuschelketten, vielen Rotalgen, die von allerlei Kleingetier, Gewürm und Garnelen als Versteck ausgesucht wurden. Die breiter werdenden Nebenpriele zwingen uns jedoch, einen entsprechenden Abstand einzuhalten. Einmal kommen wir ganz nahe an den Zuflussarm der „Slapersbucht" heran. Es ist der Priel, welcher nördlich parallel zum Küstenfahrwasser verläuft und sich gelegentlich in Höhe der Wasserscheide mit diesem vereinigt.

Und wieder veranlasst uns ein großer Nebenpriel, nach Norden auszuweichen. Eine breite, flache Mulde, 50 bis 60 Zentimeter tief, muss durchwatet werden. Dazwischen abgelagerte Sandschwellen und von Miesmuscheln bestückte, steile Bruchkanten unter Wasser, auf denen wir herumstolpern und immer wieder in tiefe Auskolkungen treten, so dass wir urplötzlich bis zu den Hüften im Wasser stehen. Das Wasser ist nicht ganz klar, etwas gelblich vom mitgeführten Feinsand, treibenden Tonteilchen und Kieselalgen. Wir ziehen langsam stromauf zum gegenüberliegenden Ufer, erreichen die Sandbank und stehen dann an der Fahrrinne, flach und leergelaufen, eingerahmt von steilen Schlickkanten. Bis zur Küste waten wir durch knöcheltiefen Schlick und kleine, muschelschalenbedeckte Rinnsale, die noch immer schnell zum Hauptpriel hin abfließen, obwohl hier in der Fahrrinne bereits ein ganz langsames Steigen des auflaufenden Wassers bemerkbar ist. Am Badestrand angekommen, entfernen wir mit Hilfe hier angebrachter Wasserhähne die schwarzen Spuren der letzten 400 Meter unseres Ausflugs in das „Juister Watt". Zirka 18 Kilometer, eine zum Teil beschwerliche Wegstrecke, haben wir in den letzten vier Stunden zurückgelegt. Die heiter strahlenden Spuren in unserer Erinnerung bleiben und werden so schnell nicht verblassen.

Blühende Salzwiesenflora

Salzwiesenbesuch

Jede Wanderung vom Festland nach Norderney bietet uns die Möglichkeit zu einem Kurzbesuch der Salzwiesen. Bei ihrer Durchquerung auf einem schmal gehaltenen Trampelpfad begegnet uns ein Lebensraum, der verglichen mit den Schlickfeldern der Watten, der Dünenlandschaft und dem Strandbereich nicht gegensätzlicher sein könnte. Salzwiesen sind der Übergangsbereich zwischen Land und Meer und liegen oberhalb der mittleren Hochwasserlinie. Sie werden nur noch bei höheren Fluten während der Springtide und bei Sturmfluten vom Meer unter Wasser gesetzt. Diese unregelmäßigen Überflutungen führen für die hier existierenden Organismen zu besonders harten Standortbedingungen. Im Sommer können lang anhaltende Trockenperioden eine starke Austrocknung sowie hohe Salzanreicherung des Bodens bedeuten, während winterliche Sturmfluten tagelang Überschwemmungen hervorrufen. Um diese Extremsituation zu ertragen, besitzen Salzwiesenpflanzen und -tiere gegenüber Organismen anderer Lebensräume besondere Mechanismen, um diese Belastung hoher Salzgehalte im Boden infolge von Überflutungen und Staunässe zu ertragen.

Um Zellschäden zu vermeiden, haben Salzwiesenpflanzen verschiedene Strategien entwickelt, um das für sie aufgenommene, giftige Mineral wieder auszuscheiden. Verschiedene Arten reagieren auf kurze oder lange Überflutungen, auf stehendes, nicht mehr salziges Grundwasser oder auf die Entlüftung des Bodens ganz unterschiedlich. Für Salzpflanzen ist es schwierig, bei der Wasseraufnahme das Salz zu separieren - sie können nicht verhindern, dass sie geringe Mengen davon aufnehmen. Bei Holophyten wie dem Queller nimmt im Laufe der Wachstumszeit das Volumen stark zu. Diese Form der Salzregulation ist besonders bei einjährigen Pflanzen möglich. Andere wiederum besitzen Salzdrüsen auf den Blättern, mit denen die Pflanze überschüssiges Salz aktiv ausscheiden kann. Schlickgras, Strandflieder und Strandnelke bilden dann bei trockenem, warmem Wetter Salzkristallgriesel auf den Blattunterseiten. Die Strandaster transportiert überschüssiges Salz in Haare und Blätter, um diese dann abzuwerfen, die Salzbinse nimmt im Laufe der Wuchsperiode immer mehr Salz auf, was schließlich zum Absterben der oberirdischen Pflanzenteile führt.

Bei unserer Salzwiesendurchquerung sehen wir auf den ersten Blick, dass hier einige Pflanzen vorherrschen und größere Bestände bilden. Große Flä-

Blühender Strandflieder, Strandbeifuß und Rotschwingel.

chen, besonders entlang der Priel- und Grabenränder, die die Salzwiesen schlangenförmig durchziehen, sind bewachsen mit silbergrauen, fiederblättrigen Trieben des Strandbeifußes (ARTEMISIA MARITIMA). Sein stark würziger, wermutähnlicher Geruch liegt im Sommer wie eine Duftglocke über diesem herrlichen Naturraum, und wenn man ein filigranes Blättchen dieser Pflanze zwischen den Fingern zerreibt und vor die Nase hält, atmet man rasch ein wohltuendes Aroma ein. Unscheinbar sind dagegen die gelblich-grünen Blüten, die – von filzigen Hüllblättern geschützt - zu kleinen Köpfchen vereint sind. Im Spätsommer sind die Wattwiesen ein einziges Meer aus den violett und blau schimmernden Blütenrispen des Strandflieders (STATICE LIMONIUM). Die dunkelgrünen, ledrigen Blätter stehen in aufrechten Rosetten und bilden zusammen mit dem silbrig erscheinenden Strandbeifuß in seiner Nachbarschaft eine harmonische Pflanzengesellschaft. Die Blütenrispen des Strandflieders sind sehr dauerhaft - der Volksmund nennt sie deswegen auch „Ewigkeitsbloom" - und gerade deshalb werden sie, trotz Schutzes, sowohl von Insulanern als auch von Kurgästen, die sich immer wieder in den Salzwiesen verirren, als Dauersträuße für die Blumenvase abgerissen und mitgenommen.

Während unserer Salzwiesendurchquerung sind wir gezwungen, zwei überaus breite, tiefe Priele zu überwinden. In den Prielbetten steht meist noch trübes, bräunliches Restwasser, die Prielränder sind mit einer zentimeter-

dicken Kieselalgenschicht behaftet, schmierig und äußerst rutschig. Manch einer hat sich hier schon auf seinen Allerwertesten gesetzt und die primäre Frage lautet dann immer: „Wie kriege ich das nur wieder aus meiner Kleidung?" Aber ich kann die Pechvögel meist vertrösten, wenn der Strand nicht mehr allzu weit liegt und ein kleines Bad in der Nordsee dann so manches wieder ins Lot rücken kann. In diesen Prielabschnitten kommt die schwarze Bodenschicht bei jedem Tritt, man kann fast sagen, beim Dahingleiten auf diesem schmierigen Untergrund für jeden ersichtlich zutage. Die Ursache der Schwarzfärbung ist das Eisensulfit, das aus der Reaktion vom im Wattensediment vorkommenden Eisen und Schwefelwasserstoff entsteht und sich bildet, wenn unter Sauerstoffabschluss Bakterien organisches Material zersetzen. Ein Fäulnisprozess, der laufend im Wattboden stattfindet. Also keine Ölrückstände, wie diese schillernden Flecken auf dem Salzwiesenboden vermuten lassen.

Von oben nach unten:
Dänisches Löffelkraut;
Keilmelde; Borstenhaaralge;
Abbruchkante in den
Salzwiesen mit Grasnelken-
bewuchs.

Der Queller, die Pionierpflanze des Wattenmeeres.

An die Strandflieder- und Beifuß-Pflanzengesellschaft siedelt sich, meist auch in der Nähe der Priele, die oft meterhohe Strandaster (ASTER TRIPOLIUM) mit ihren dickfleischigen, saftig-grünen Stängeln und Blättern. Ihre Körbchenblüten haben gelbe Röhrenformen mit lilafarbenen Strahlen. Oft fehlen diese wunderschönen Strahlenblüten, so dass die Aster dann recht bescheiden aussieht, jedoch immer noch auffällig ist durch ihr saftiges Grün. Als Pflanzennachbar gesellt sich gerne der Meerstranddreizack (TRIGLOCHIN MARITIMUS) mit seinen langen, spitzwegerichartigen Blütenähren und nur wenige Millimeter schmalen Blättern dazu. Als die am häufigsten wachsende Pflanze in dieser einzigartigen Vegetation breitet sich die horstbildende Strand-Salzmelde (HALIMIONE PORTULACOIDES) mit ihren elliptischen, silbergrauen Blättern und meist holzigen Stängeln vor unseren Augen aus. Schon die Seefahrer früherer Zeiten schätzten die Blätter dieser Pflanze als Vitaminspender und manch einer hatte sein Überleben dieser Pflanze zu verdanken, grassierte zu jener Zeit doch die Skorbut-Krankheit, eine durch Vitaminmangel hervorgerufene Erscheinung unter den Schiffsbesatzungen.

Während unseres Salzwiesenbesuchs sehen meine Begleiter auf mein Anraten immer wieder auf die Stängel der mit dickfleischigen Blättern ausgestatteten Strandsode (SUAEDA MARITIMA), die am Boden wachsen. Die Stängel können 10 bis 30 Zentimeter lang werden, gelegentlich sind sie auch aufge-

Der Wanderweg wird gesäumt von blühendem Gänsefingerkraut.

richtet und besitzen unscheinbare Blüten, die in den Blattachseln sitzen. Kaum beachtet gesellt sich zur Strandsode die Schuppenmiere (Spergularia salina), obwohl sie sich mit ihren weiß-violettrandigen Blüten und leuchtend gelben Staubgefäßen unserem Auge doch förmlich aufdrängt und uns bis Oktober ihre bezaubernden, fünfblätterigen Blütenkelche zeigt.

Wo die Salzwiesen aufhören, hat der Wellenschlag im Schlick eine kleine Abbruchkante geschaffen. Hier wagt sich noch eine kleine Pflanze ins Wasser hinaus, der es nichts ausmacht, täglich mehrmals stundenlang vom Salzwasser überdeckt zu sein. Es ist der Queller (Salicornia europaea), der gut an seinem kakteenartigen Aussehen erkennbar ist. Seine etwa zwanzig Zentimeter hoch werdenden fleischigen Stängel - versehen gleichfalls mit dicken Ästchen - speichern das ganze Jahr über das aufgenommene Salz. Kommt der Herbst, so verfärben sich die im Sommer grünen, einjährigen Gewächse mehr und mehr und dann leuchten die Quellerwiesen überaus rötlich. Die fleischigen Sprosse verholzen und sterben ab. Sie vergehen aber nicht gänzlich und überdauern als hässliche Strünke den Winter. Abgedrückt und geknickt durch Strömung und Flut, auseinandergeschlagen durch Eisgang, entwurzelt und eingefroren in Eisquadern, finden diese zähen Pflänzchen ihr Ende. Der Vorgang des Absterbens setzt die Samen frei und die Flut vertreibt die Pollenkörner, wodurch eine faszinierende Befruchtung im Gezeitenstrom ihren Lauf nimmt. Diese bizarr aussehende Pflanze kann sich nur deshalb so weit ins Watt vorwagen, weil sie durch eine besonders feste und tiefe Bewurzelung den anrollenden Wellen standhalten kann.

Anhand eines einfachen Beispiels erkläre ich meinen Begleitern, welchen Extremsituationen die Salzwiesenvegetation ausgesetzt ist. „Stellt euch mal vor, ihr wärt eine Pflanze in diesem Lebensraum. Die Füße wären im Schlick fest verankert, das Meer würde zweimal am Tag über euch hinwegrauschen, bei Ebbe an heißen Sommertagen die Sonne unbarmherzig auf euch niederbrennen und ihr könntet nicht weglaufen. Dieses ständige Nass und Kalt, Heiß und Trocken zu ertragen, bedeutet ein ganz schön anstrengendes Pflanzenleben."

Auch der Queller muss nicht alleine gegen die ständigen Salzduschen gewappnet sein. In seiner Nachbarschaft macht sich seit etwa 80 Jahren das von der englischen Kanalküste stammende Schlickgras (SPARTINA TOWNSENDII) breit, eine schilfartige, robuste Pflanze, die mit unterirdischen

Von oben nach unten:
Strandwegerich und Grasnelke;
Salzschuppenmiere;
Schlickgras, durchwachsen von
Strandflieder; Salzmeldenhorst

Hier zeigt die Grasnelke ihre zarten, rosaroten Blütenköpfchen.

Wurzelausläufern und langen, ährenbildenden Stängeln ausgestattet ist. Sowohl Queller als auch Schlickgras sind durch ihre Beschaffenheit Schlickfänger, erhöhen durch ihre Funktion das Deichvorland und schaffen Neuland für andere sich ansiedelnde Salzwiesenpflanzen.

Nach all diesen beglückenden Eindrücken in einer vielfältigen, wunderschön anmutenden Salzwiesenflora weise ich auf ein mitgenommenes Pflänzchen hin, das durch rosarote Blütenköpfchen und einen bis zu 30 Zentimeter langen Stängel gekennzeichnet ist. Es hat uns bei unserem Salzwiesenbesuch ständig begleitet, jeder konnte es bewundern und auch jeder versuchte, es möglichst nicht durch seinen Tritt zu beschädigen. Bei der Grasnelke (ARMERIA MARITIMA), die unablässig im Seewind schwankt, drängt sich jedem Betrachter die Frage auf, wie ein solch zerbrechliches, zartes Gewächs in einer Landschaft ewigen Windes überhaupt bestehen kann. Eine wunderbare Erfahrung kam für mich noch hinzu. Denn es ist so, dass dieses Pflänzchen einen ganz zarten, herb-süßen Duft ausatmet, keinem Aroma der mir bekannten Sinnenwelt gleich. Wenn das vollkommene Idyll ein eigenes Odeur hat, dann habe ich es in diesen blühenden Grasnelkenwiesen wahrnehmen können. Das von mir wohlbehütete Pflänzchen in meiner Hand fand ich ausgerissen am Rand des Prieles. Ich habe es mitgenommen, um den Salzwiesenbesuch auf meine Art bei der Gruppe im Gedächtnis wachzuhalten und auf den besonderen, schützenswerten Charakter dieses Lebensraumes hinzuweisen.

Eine Wanderung durchs nächtliche Wattenmeer

Ein anderes Mal hatte es die ganze Woche hindurch gestürmt und geregnet. Der starke Südwind kam in Böen, peitschte Regenschleier über die Deiche, war auf Südwest gedreht und hatte Orkanstärke erreicht. Wir waren gezwungen, den geplanten Termin immer wieder zu verschieben. Mitte des Monats ergab es sich dann, dass wir eine Wattwanderung ins „Neßmer Watt" wagen konnten.

Die sternenklare Nacht ist durch ablandige Winde gekennzeichnet, es ist nicht zu kalt und die Sichel des abnehmenden Mondes steht noch hoch in Südwest. Es ist stockfinster, als wir den Hafendamm betreten. Nur die Lichterkette von Neßmersiel und am Horizont der helle Schein, den die Inseln Baltrum und Norderney in den nächtlichen Sternenhimmel zaubern, erleichtern uns die Orientierung. Weit im Westen weist uns das regelmäßig aufblitzende Feuer des Leuchtturmes von Norderney die Richtung, die wir zunächst einschlagen wollen. Vor uns steht noch Wasser, so weit wir sehen können, nicht sehr tief, denn bei den ersten Schritten reicht es uns gerade mal bis zu den Schienbeinen. Die ausufernde Wasserfläche spiegelt den Sternenhimmel wider, der Große Wagen zeigt sich uns darin seitenverkehrt und noch höher das Spiegelbild des Nordsterns, der uns auch in dieser dunklen Nacht ein beruhigendes Richtungsgefühl vermittelt.

Nach dem Passieren des ersten nicht zu breiten Priels können wir schneller ausschreiten, festes Watt und nur noch knöcheltiefes Wasser geben uns trotz mangelnder Sicht eine gewisse Trittsicherheit beim Gehen. Wir sind in dieser Nacht früh in der Tide, das Wasser läuft noch mindestens eineinhalb Stunden ab. Immer wieder halten wir ein, horchen in die Dunkelheit, sortieren die Geräusche, vergessen fast das Atmen. Hoch über uns vernehmen wir, eben noch nah, schon wieder fern, die Flötentöne von Regenpfeifern, durchdringend und allerorten, nur ab und zu unterbrochen von den markanten, klaren Zwischentönen einer Schar Austernfischer. Ganz nah bei uns, flach über die Wasserfläche streichend – wir können es nur erahnen –, die Rufe einer Ringelgansformation mit weichen, traurig klingenden Altstimmen. Nachts sind die futtersuchenden Vögel unüberhörbar. Sie fliegen auch in tiefster Dunkelheit zielsicher ihre Futter- und Weideplätze an. Von allen Seiten dringen ihre Rufe an unser Ohr, ein vielstimmiger Nachtgesang erfüllt die klare Luft.

An der Nordspitze der „Wichter Ee" machen wir kehrt und wenden uns nach Westen, dem Lauf des Wattenfahrwassers zu. Die Dunkelheit trägt uns von der „Othelloplate" das Rauschen der Meeresbrandung herüber, machtvoll dröhnend und sich überschlagend, alle Vogelstimmen übertönend. Wir gehen weiter und verlassen diesen Ort, fast zweieinhalb Meter unter mittlerem Hochwasser, und gelangen trockenen Fußes an eine flache Mulde, in deren Wasser sich die Himmelskörper spiegeln. Mit den Füßen schleudern wir das Nass auf die vom Mondlicht schwach erhellte Oberfläche. Hunderte von winzig kleinen Organismen, die zahllosen Schwebetierchen im Plankton, beginnen ob dieser Störung in grünem Licht zu leuchten. Wir erleben hautnah den Zauber dieses Meeresleuchtens, hervorgerufen durch millimeterkleine Dino-Flagellaten. Jedes einzelne glüht mit blaugrünem Schimmer stecknadelkopfgroß auf, wenn wir es anstoßen und mit unseren Schritten versprühen. Sie schwimmen im Wasser, verstecken sich im Schlick und nassen Sand und sitzen winters im weichen Eis. Hier draußen in den Sänden im Windschatten der Insel mit ihren fahlen Lichtern und Dünenumrissen haben wir ein regelrechtes Funkensprühen um unsere Beine herum. Wir bewegen uns rückwärts, um diese magischen Leuchtspuren besser betrachten zu können. Aus jedem Rippeltal leuchten uns kleine, grüngoldene Sterntaler entgegen, so intensiv, dass man glaubt, sie fühlen sich als Wegweiser für uns verantwortlich!

Nach dem Queren des südlichsten der durchgehenden Priele schieben sich urplötzlich dunkle Wolken vor die Mondsichel und es wird so finster, dass wir kaum noch die Nadel auf der Kompassrose einpendeln können. Fast drei Kilometer Schlickwatt liegt vor uns - ohne Anhaltspunkt. Nur unscheinbar kleine Lichtkegel aus dem fernen Neßmersiel weisen uns den Weg. Es ist schwierig, in dieser Dimensionslosigkeit einen sicheren Untergrund zu finden. Nie weiß man, wohin die Füße treten, so dass nur eine Kurskombination aus Bodenstruktur, Sternen und Richtungsgefühl wirklich hilfreich ist. Je näher wir wieder der schemenhaften Küste kommen, desto mehr Überraschungen hält der Weg für unsere Füße bereit, zerklüftet von Rinnsalen, mal hart mit Muscheln durchsetzt, mal ganz weich und breiig bis zu den Knien tief, mal beinbrecherisch uneben und glitschig. Als die Mondsichel noch einmal kurz hinter ihrem Wolkenvorhang hervorblinzelt, erscheint ihr Spiegelbild zitternd auf der Wasserfläche neben uns. Auch die Sternbilder sind weitergewandert - der Große Wagen hat sich auf seine Deichsel gestellt und der Kleine Bär ist nach unten gesunken. Hier, nördlich unter dem Polarstern, wandert das Sternbildpanorama nach Osten, südlich von ihm nach Westen. Die Welt unter dieser Wendeachse in den Sänden und Schlickfeldern liegt in tiefer Dunkelheit, unwirklich und raumlos erscheinen Nähe und Ferne. Die Landschaft hat nichts Irdisches mehr: Sie scheint in ihrer Entrücktheit ein in sich geschlossenes Leben zu führen.

Vor uns tauchen jetzt die Umrisse der Neßmer Hafenanlage auf; es ist fast drei Stunden nach Mitternacht und seit einer Stunde steigt das Wasser wieder an. Die Eindrücke dieser nächtlichen Wanderung - mit Mondschein, Brandungsgrollen, Dunkelheit und Meeresleuchten - in ihrer faszinierenden Intensität zu beschreiben, dürfte nur in Ansätzen möglich sein. Sie sind nicht beschreibbar, unvergesslich allein als Erlebnis.

Ein letztes Verweilen im Sonnenuntergang.

Das Wattenmeer – in magisches Licht getaucht

Durch die Dünen

Norderney ist erdgeschichtlich eine ziemlich junge Insel. Sie muss, wie ihre Nachbarinseln, als Strandwall längs der Nordseeküste entstanden sein. Schätzungen beruhen darauf, dass das Meer zwei bis drei Jahrhunderte gebraucht hat, um die West- und Ostfriesischen Inseln ganz allmählich aufzuschütten. Gewiss ein gewaltiger Vorgang, wie man angesichts der breiten und hohen Dünenwälle zugeben muss. Wenn es um die Frage geht, wann das Wattenmeer seinen zerstörerischen Angriff begonnen und vollendet hat, findet man bis heute kaum Antworten. Sicher ist, dass die Watteninseln alle den gleichen Prozess durchschritten haben. Die Strandwälle türmten sich zu einem oder mehreren Komplexen aus Dünen auf und hinter diesen Dünen setzte sich anschließend Schlick ab. Hauptsächlich bestehen die Watteninseln aus Dünen, Sand, Moor und jungem Löss. Die Dünen bilden den Schutz der Inseln. Sie haben dem Angriff der Naturgewalten durch die Jahrhunderte mit wechselndem Erfolg getrotzt und ihn überstanden. Die See hat sehr viel von dem zurückgenommen, was sie zunächst geschenkt hatte. Seit etwa 100 Jahren greift der Mensch in diese aufbauende und zerstörende Dynamik ein. Ein Sicherungssystem aus Buhnen, Sandfangzäunen, Strandmauern und Deckwerken wurde angelegt und seitdem weiter ausgebaut.

Die Entstehung der Dünen ist ein langer, komplizierter Prozess, bei dem das Wechselspiel zwischen Wind, Wasser und Vegetation von wesentlicher Bedeutung ist. Im Bereich des Nationalparks Niedersächsisches Wattenmeer sind Dünen nur auf den dem Festland vorgelagerten Inseln vorhanden. Die Entwicklung der Dünen ist infolgedessen ein Teil der Entstehungsgeschichte dieser Inseln. Die Ostfriesischen Inseln sind, im Gegensatz zu den Nordfriesischen an der schleswig-holsteinischen Westküste, nicht als Teile ehemaligen Festlandes abgebrochen – beeinflusst durch die schwere Nordstrandflut im Jahre 1634 –, sondern geologisch junge Gebilde. Als reine Düneninseln aus dem Meer entstanden, sind sie kaum älter als 2000 Jahre. Jedoch lässt sich nicht mit letzter Sicherheit ein genauer Zeitraum eingrenzen, denn Quellen hierzu liegen kaum vor.

Wir entsteigen dem Bus am östlich gelegenen Parkplatz und nach dem Schultern des Rucksacks machen wir erst einen kurzen Abstecher zum Nationalpark-Infostand. Hier erhalten wir einen guten Einblick in die zu erwartende Tier- und Pflanzenwelt der Dünen. Das erste Teilstück unseres Pfades ist noch

Primär- und Sekundärdünen.

arg holperig, ist dieser Wegabschnitt doch mit zertrümmerten Basaltsteinen gepflastert. Doch schon nach 300 Metern lassen wir diesen Stolperpfad hinter uns und von hier an werden unsere Füße verwöhnt von einem mit Andelgras (Puccinellia maritima) bewachsenen, weichen Dünenweg. Das erste Pflänzchen, das uns in seinen Bann zieht, weit verbreitet in den Andelgraswiesen, ist das Strand-Tausendgüldenkraut (Centaurium vulgare): Die viel verzweigten Stängel können bis zu 30 Zentimeter hoch werden, halten sich aber meist dicht am Boden. Fünf rote Blütenblättchen umhüllen die stempelartigen, gelben Staubgefäße, die bis in den September hinein dem Wanderer entgegenstrahlen. Die Pflanze hat die Angewohnheit, bei trübem und kaltem Wetter sowie frühmorgens und abends ihre Blütensterne geschlossen zu halten, bis sie durch Wärme und Sonnenstrahlen wieder ganz zum Vorschein kommen.

Links und rechts unseres Weges haben sich mit den Jahren zum Teil große Brackwassertümpel gebildet. Vereinzelte, mit Salzbinsen (Juncus gerardii) und dem Schwarzen Kopfried (Schoenus nigricans) bewachsene Horste unterbrechen den Zusammenhang dieser Wasserflächen. Zu beiden Seiten säumen etwa zehn bis zwölf Meter hohe, aufgewehte und verwachsene Graudünen unseren Pfad. Der Sand dieser Tertiärdünen ist entsalzt und entkalkt und sie erhalten keine nennenswerte Sandzufuhr mehr; es findet auch kein Nähr-

Die flinken Nager fühlen sich in der Inselvegetation besonders wohl.

stofftransport mehr statt, so dass der Boden zunehmend verarmt. Typisch für diese Dünen ist das Versauern der feuchten Nordhänge. Eine dichte Pflanzendecke aus Kleingräsern, Moosen, Krähenbeere, Besenheide und Sträuchern – sehr häufig findet man zudem Sanddorn, Holunder und Kriechweide – geben diesen Dünen ein dunkles, fast düsteres Aussehen. Zwischen den einzelnen Dünenzügen entwickeln sich, beeinflusst durch Niederschläge, feuchte, zum Teil anmoorige, kleine Täler.

Wir sehen auch die unzähligen Kaninchenbaue, die entlang unseres Weges und unterhalb der Dünenzüge gegraben sind. Vereinzelt sitzen die Baubewohner erhöht davor, oder man sieht sie in der üppigen Vegetation blitzschnell untertauchen. Auf Norderney tummeln sich etwa 60 000 Explemplare dieser extrem fruchtbaren Spezies. Trotz gelegentlicher Bejagung mit Flinte, durch Falkner und dem Frettchen als domestiziertem Iltis ist es jedoch äußerst schwierig, ihre Population einigermaßen in Grenzen zu halten, um größere Beeinträchtigungen und Schäden an den Dünen zu verhindern. Hier greift die Natur in einem bestimmten Turnus selbst ein und dezimiert den Bestand dieser flinken Nager durch die Myxomatose, die gefürchtete Kaninchenpest. Monatelang sieht man dann die Kadaver verstreut auf der Insel liegen und nur ganz allmählich bewältigen die Beutegreifer, darunter hauptsächlich die Silbermöwe, dieses überreichliche Nahrungsangebot.

Wir verlassen unseren weich gepolsterten Dünenweg, der im Abstand von 500 Metern mit Holzpflöcken als Wanderweg gekennzeichnet ist, und biegen in einen breiten Dünendurchbruch ein. Hier eröffnet sich uns ein ganz neues Blickfeld und wir sehen zum ersten Mal die dunkelblaue, weite See mit ihrer schäumenden Brandung. Schon ihr entferntes Rauschen lässt uns erahnen, welch gewaltige Brecher sich den Weg zum Strand suchen. Ich mache meine Begleiter auf die bis zu 20 Meter hohen Sekundärdünen aufmerksam, die der hellen Färbung des Sandes wegen auch als Weißdünen bezeichnet werden. Diese Dünen sind imstande, bei Niederschlägen Süßwasser festzuhalten. So kann sich der Strandhafer (AMMOPHILA ARENARIA) ansiedeln, dem die Insulaner auch den Namen „Schmaler Helm" gegeben haben. Vereinzelt sehen wir auch kleine Strandroggenhorste (ELYMUS ARENARIUS), eine nordische Art mit sehr breiten, blau-grünen Blättern. Diese beiden Arten können sehr viel Sand festlegen, weil die Pflanzen den Sand mit ihren Wurzeln rasch durchwachsen und dadurch die Sandzufuhr in Gang halten. Das tiefgehende Wurzelsystem kann eine Länge von bis zu sechs Metern erreichen, um damit die Nährsalze für das Wachstum aus dem frischen Seesand zu beziehen. Diese Eigenschaft müssen viele Pflanzen mitbringen, die in unmittelbarer Nähe des Strandes mit seiner so unruhigen, sandigen Oberfläche wachsen.

Unsere Dünenwanderung führt uns weiter in Richtung Strand, und wir können sehr gut beobachten, wie hier die Vegetationsentwicklung oberhalb des mittleren Hochwasserstandes beginnt. Erste kleine Sandansammlungen hinter Hindernissen - ob Muschelschalen oder Treibgut - haben sich aufgebaut, woraus die sogenannten Vordünen entstehen. Mit ihren im Windschatten auslaufenden Sandfahnen sind sie wunderschön anzusehen. Bei starkem Wind oder - wie wir es erleben konnten - bei plötzlich einsetzendem Gewittersturm zogen die Sandwehen wie Schleier über den Sandgrund und steigerten sich zu einem wahren Sandsturm. So stark, dass man sich kurzzeitig in eine Wüste versetzt sieht. Die feinen Sandpartikel, die unsere nackten Beine und Füße berührten, fühlten sich an wie Millionen feinster Nadelstiche.

So schnell, wie sich das Gewitter aufgebaut hatte, trat wieder Ruhe ein, und wir können beobachten, wie jedes kleine am Boden liegende Hindernis - ob Treibholz, eine angespülte Flasche oder die vielfältigen Muschelschalen - ein lang gestrecktes Sandhäufchen auftürmen ließ und damit das kleine Modell einer Düne zeigte. Als erste Pflanzengesellschaft haben hier Strandquecken (ELYMUS FARCTUS) Fuß gefasst. Obwohl der Nährstoffgehalt in diesem Sandbereich hoch ist, wachsen aufgrund des noch konzentrierten Salzgehaltes nur erste salzresistente Pflanzen. Jedoch ist ihre Ansiedlung für eine weitere Dünenentstehung von entscheidender Bedeutung. Die Strandquecke kann mit ihrem flachen, aber weit reichenden Wurzelgeflecht viel Sand festhalten: hier in diesem Abschnitt haben sich Hunderte dieser kleinen Primärdünen gebildet. Diese Gebilde werden bei hohen Fluten oder bei sich ändernder Windrichtung oft wieder eingeebnet. Ein weiteres Problem sind Wanderer, die abseits der ausgewiesenen Wege durch die anfangs noch spärlich bewachsenen Sandanhäufungen laufen. In ihre Trittspuren greift der Wind ungehindert ein, was zu Dünenausrissen, zum Teil zum völligen Ausblasen und Freilegen des Wurzelwerks führt.

Während unserer Wanderung durch die Dünen können wir verschiedene charakteristische Vogelgestalten beobachten, die sich hier regelmäßig zur Brut niederlassen. Es ist gar nicht schwer, herauszufinden, wo sich ihre Nistplätze befinden, verraten sie sich doch durch ihr meist auffälliges Gefieder und ihre lauten Rufe. Wir beobachten die schwarzweiß-gefiederte Brandgans mit ihrem fuchsroten Bruststreifen, die ihr Brutgeschäft wegen ihres auffälligen Gefieders in Kaninchenbauen oder anderen, nicht einsehbaren Verstecken verrichtet. Brandganspaare sind vermutlich, wie es bei Gänsen typisch ist, in lebenslanger Einehe zusammen.

Die ebenfalls schwarz-weißen Austernfischer mit ihren graden, feuerroten Schnäbeln und ihren roten Beinen haben uns längst erfasst und teilen unsere Anwesenheit der gesamten Brutkolonie mit ihren markanten Rufen mit. Plötzlich sehen wir, wie drei dieser stolzen Vögel einen merkwürdigen Tanz aufführen. Einer nimmt ohne ersichtlichen Grund eine eigenartige starre Haltung ein, streckt seinen Hals und senkt den Schnabel. So verharrt er einen Augenblick, öffnet dann seinen Stecher und es ertönen kurze, scharfe Laute, die in immer rascherer Folge ausgestoßen werden und in sehr schnelle Trillertöne übergehen. Dabei fängt der Vogel mit kleinen, stapfenden Trippelschritten an zu laufen, immer die starre Haltung beibehaltend. Auf die lauten Rufe hin gesellen sich die beiden anderen Austernfischer hinzu, gleichfalls in höchste Ekstase geratend. Wie auf ein geheimes Kommando hin wenden sie ganz plötzlich im Dünensand und rennen den Weg wieder zurück. Dann bleiben sie stehen und bilden, wie es uns Betrachtern erscheint, einen Halbkreis. Das Trillern sinkt ab und bevor die Vögel ganz verstummen, vernimmt man nur noch leise, zaghafte Laute. Dann laufen sie auseinander und verhalten sich so, als ob nichts geschehen wäre. Wir alle sind beeindruckt von dieser Inszenierung.

Friedlich vereint – Austernfischer und Silbermöwen.

Auch die Silbermöwen zeigen für uns menschliche Eindringlinge kein Verständnis und suchen uns mit allen Mitteln aus ihrem Reich zu verscheuchen. Sie verursachen mit ihren rauen, miauenden Stimmen einen Heidenlärm, der nach und nach immer mehr anschwillt. Alle Temperamente sind unter diesen weiß-grau gefiederten Aas- und Allesfressern mit schwarzen Flügelspitzen vertreten. Während sich einzelne nicht einmal von ihren Nestern erheben und uns gleichgültig beäugen, greifen andere mit gellenden Schreien an und stoßen wütend auf uns nieder – so tief, dass man den Wind ihrer Schwingenschläge auf der Gesichtshaut spürt. Ganz allmählich kehrt wieder Ruhe ein. Die meisten lassen sich auf ihr Gelege nieder und die grünweißen Dünen bilden mit den unzähligen weißen Vogelleibern ein Mosaik von eigenartiger Wirkung. Nur wenige begleiten uns schimpfend weiter auf unserer Wanderung.

Zu den Brutvögeln auf den Inseln gesellen sich zahllose Zugvögel aus nördlichen und östlichen Gebieten. Das Wandern der Gefiederten setzt im zeitigen Frühjahr ein und wie eine große Welle zieht das Wunder des Vogelzugs über die Wattenräume hinweg. Tief liegende Schlickflächen, Priele, Pfützen und Brandungsräume bieten den Vögeln Nahrung in unerschöpflicher Fülle; hohe Wattrücken, Sandbänke, Salzwiesen und die Dünenketten sind ihnen

Gebirge der Inseln.

Zuflucht- und Raststätte bei Hochwasser und Sturm. Ebbe und Flut prägen ganz den Rhythmus des Vogellebens. Dies gilt auch für die Zugvögel, die sich oft wochenlang in einem Wattgebiet aufhalten, bevor sie ganz plötzlich von einem zum anderen Tag weiterziehen. Im Herbst vollzieht sich das gleiche Schauspiel, und in Trupps und Schwärmen gleiten Tausende über dem Wasser und unter dem hohen Himmel hin und her, mit rauschenden Schwingen fallen sie auf Schlick und Sand ein. Ihre melodischen Rufe erfüllen die Luft mit einzigartiger Musik. Es ist ein ewiges Kommen und Gehen, An- und Abfliegen in dem großen Wattenraum. Nur hier können sie sich für ihre weiten, energiezehrenden Flüge die nötigen Reserven anfressen, hier bieten ihnen die Wattflächen mit ihrem nicht versiegen wollenden Organismenreichtum immer einen üppig gedeckten Tisch.

Über der Brutkolonie sehen wir im schwebenden Flug ein Wiesenweihenpärchen dahingleiten, grau, mit rotfarbenen Bauchstreifen und schwarzen Flügelbinden. Wiesenweihen sind Bodenbrüter und legen ihre Nester gern in den feuchten Salzwiesen an, so können sie ihr Nahrungsspektrum in unmittelbarer Nähe der anderen Bodengelege doch immer noch reichlich ausschöpfen.

Bei unserer Wanderung gelangen wir in einen Dünenabschnitt, der jährlich als Schutzgebiet ausgewiesen und mit auffälligen Banderolen abgesperrt
wird. In dieser Zone kann der Säbelschnäbler ungestört seinem Brutgeschäft
nachgehen. Die Nester liegen meist wenige Meter voneinander entfernt und
von einigen dieser auffälligen Watvögel können wir gerade mal das schwarze
Käppchen ihres Kopfes und den säbelartig aufwärts gebogenen Schnabel erkennen. Diese bemerkenswerte, schwarz-weiß gefiederte Vogelart mit ihren
langen, graublauen Stelzenbeinen ist eine fast exotisch anmutende Erscheinung auf der Insel.

Als wir die Dünendurchquerung von unserem Ausgangspunkt in östlicher
Richtung fortsetzen, sehen wir schon bald zwei überdimensionale Holzge-
stelle. Schwarz und groß erheben sich die Gerüste gen Himmel, dunkel und
weithin sichtbar. Es sind Insel-Seezeichen aus längst vergangener Zeit, als es
noch einen befahrbaren Wattweg zwischen Norderney und Hilgenriedersiel
gab. Ein Strandvogt war damals für diese gefahrvollen Unternehmungen zu-
ständig und stellte den Transport von Personen, Gütern und Nachrichten über
das Watt sicher. Mitte des 18. Jahrhunderts wurde eine tägliche Personen-
Wattenpost zwischen Norden und Norderney eingerichtet. Mit Postkutschen
ging es dann bei Niedrigwasser dem abfließenden Wasser hinterher. Die Pfer-
dekutschen waren ausgestattet mit extra breiten und hohen Rädern, um ein
Eindringen von Seewasser in den Stauraum und in die Personenkabinen zu
verhindern. Dennoch endete manche Reise für den einen oder anderen Pas-
sagier tödlich. Eines der Insel-Seezeichen trägt auch heute noch den Namen
„Postbake". Sie diente den Fuhrleuten bei guter Sicht als Anhaltspunkt und
Wegweiser bei ihrer beschwerlichen Wattüberquerung.

In der weiten Dünenlandschaft von Norderney durften wir bei unserer Wanderung einen ursprünglichen Lebensraum kennenlernen, der von mensch-
lichen Eingriffen fast gänzlich verschont geblieben ist.

Wanderung in den Primärdünentälern

Eine Schulklasse erkundet das Wattenmeer

Der Bus hatte seine lärmende Fracht im Hafen von Neßmersiel ausgespuckt und nun konnte für eine Klasse aus Köln der lang ersehnte Wunsch in Erfüllung gehen, einmal eine Insel zu Fuß zu erreichen. Sicherlich spielten bei den Jugendlichen und Lehrern auch andere Motive eine Rolle, zum Beispiel sich mal so richtig auszutoben, sich in voller Montur bis zu den Hüften in den Schlickboden des Wattenmeeres einzubuddeln und vieles zu erfahren über die Geheimnisse dieses seltsamen Lebensraumes.

Nachdem sich die erste Aufregung unter den 25 Schülern und drei Lehrkräften gelegt hat, geht es barfuß und mit „Schlammsocken" an den Füßen durch das endlose Watt, anfangs noch ein komisches Gefühl für alle, die zum ersten Mal eine Muschel oder eine Krabbe unter den Sohlen spüren. Unterwegs erzähle ich, was sich so alles im Wasser, im Schlick und in der Luft über dem Wattenmeer bewegt. „Watt ist unendliches Leben", denn im Watt kommen - einzigartig auf unserem Globus - Milliarden von Kleinstlebewesen vor. „Ihr steht hier auf den größten, zusammenhängenden Wattflächen, und die sind das reinste Schlaraffenland für alle Wat- und Seevögel, Enten und Gänse." Die meisten der Schüler staunen, als ich ihnen erkläre, dass sich in einem Kubikmeter Wattboden bis zu 500 000 Lebewesen aufhalten können, von mikroskopisch winzigen bis zum größten Bewohner, der etwa 15 Zentimeter lang werdenden Sandklaffmuschel.

Ich wiederum kann während der Wanderung über die Kölner und ihre unbändige Freude staunen, sich im Schlick zu suhlen. Es muss gar nicht viel sein, um großen Kindern eine Freude zu machen. Wenn sie im Schlick matschen können, vergessen sie alles um sich herum und es macht einen riesigen Spaß, ihnen dabei zuzusehen.

Laufend prasseln Fragen auf mich ein und ich erzähle, was alles bei Wattwanderungen in meinem Rucksack verstaut ist: ein guter Marschkompass, ein 30 Meter langes Tau, eine Signalpistole mit der dazugehörenden roten Alarmmunition, eine Trillerpfeife, das Fernglas sowie ein kleiner Verbandskasten mit Rettungsdecke und - nicht zu vergessen! - ein funktionierendes Handy. Alles Dinge, die wir während der Wanderung nicht in Anspruch nehmen müs-

Interessierte Zuhörer.

sen, weil es keinen Notfall gibt. Jeder einzelne Schüler kann die Utensilien aus meinem Rucksack eingehend betrachten und ich erzähle der neugierigen Schar, dass diese Gegenstände besonders bei plötzlich einsetzendem Seenebel das Überleben einer ganzen Gruppe sichern helfen. Deshalb müssen diese Utensilien von jedem Wattführer in jedem Fall und bei jeder Wanderung im Rucksack mitgeführt werden.

Das entfachte Interesse nutze ich und sammle erneut die ganze Klasse um mich. „Geht es einem Organ schlecht, wird das gesamte Watt krank und darunter leidet dann der ganze Kreislauf", erkläre ich. „Kranken die Fische, die Vögel, die Muscheln, die Schnecken, so kranken am Ende auch wir Menschen. Die Nieren des Watts sind die Muscheln, die unglaubliche Mengen an Meerwasser rund um die Uhr reinigen. Die Wattwürmer dagegen stellen die Lunge des Wattenmeeres dar, weil sie für ausreichenden Sauerstoff sorgen. Und als Leber wiederum fungieren die Strandkrabben, denn sie vertilgen das abgestorbene organische Material." Meine Ausführungen faszinieren die Gruppe und ich stelle den Schülern als nächstes den wohl bekanntesten Vertreter des Watts, den Pierwurm vor. „So ein ausgewachsener Wurm frisst im Jahr 20 bis 25 Kilogramm Wattboden, um ihn wieder auszuscheiden, wenn ihm der Kör-

Fundstück im Watt: Sandklaffmuschelschale, überzogen von Stachelpolypen.

per die darin enthaltenen Lebensstoffe, organische und anorganische Partikel, entzogen hat." Und als ich den aufmerksamen Domstädtern erkläre, dass die Atmung des Wurmes, wie bei Fischen, über Kiemen, genauer gesagt meist dreizehn Kiemenbüschelpaare erfolgt, die im mittleren Abschnitt des Tieres angeordnet sind, blicke ich erneut in erstaunte Gesichter. Außerdem erkläre ich die Sandklaffmuschel, die sich bis zu 30 Zentimeter in den Wattboden eingräbt und mit einem entsprechend langen, schlauchähnlichen Organ, dem Sipho, Verbindung zur Wattoberfläche hält, um hierdurch Sauerstoff und Nahrung aus dem Wasser zu filtern. „Sie kann ein Alter zwischen 10 und 15 Jahren erreichen, muss jedoch, wenn sie größer als fünf Zentimeter gewachsen ist, den Rest ihres Muschellebens am selben Platz verbringen. Bei Ebbe kann die Klaffmuschel nicht atmen, weil sie ja ein Kiemenatmer ist und Sauerstoff aus dem Wasser entnehmen muss." Mehrere Stunden, also während des Niedrigwassers, ohne Atmung zu leben, ist eine Fähigkeit, zu der sonst kein höheres Lebewesen imstande ist.

Bei so vielen Erklärungen, Fragen und Antworten gestaltet sich die Wattüberquerung sehr kurzweilig und ein ausgiebiges Bad in der Nordsee rundet diesen für die gesamte Gruppe gelungenen und erlebnisreichen Tag so richtig ab. Beim Abschied versprechen sich alle, diesen Tag in guter Erinnerung zu behalten.

Vogelbeobachtungen im Jahresrhythmus

Gänse

Nirgendwo ist der Himmel so hoch wie an der See. Unter ihm dehnt sich die Landschaft des ewig wechselnden Wattenmeeres endlos weit und übt einen magischen Reiz auf Millionen von Stand- und Zugvögeln aus. Es herrscht ein ständiges Kommen, Verweilen und Abfliegen in arktische Brut- und südlich gelegene Überwinterungsgebiete. Für mich ist der Herbst mit seinem intensiven Wildgansanflug am seidenblauen Himmel immer eine faszinierende Jahreszeit; wochenlang hält dann der Gänsezug an, um – endlich am Ziel angekommen – auf großen Acker- und Wiesenflächen zur Äsung und Rast einzufallen. Nachts streichen diese riesigen Scharen dann wieder zum Wasser, denn nur dort fühlt sich die Wildgans sicher vor Bodenfeinden. Eines der größten Gebiete, in dem die Wildgans überwintert, ist ohne Zweifel der Raum um die Leybucht. Er ist eben wie eine Tischplatte und gekennzeichnet von endlosen Marschweiden. Das Grün der Weiden und Pappeln beherrscht das Bild, und besser als an anderen Orten wächst hier das Gras, denn fett und schwer ist der Kleiboden. Wenn man die Eigentümlichkeit dieser Landschaft bedenkt, ihre weiten, saftigen Wiesen und ungewöhnlich milden Winter in den letzten Jahren, dann wundert man sich keineswegs, dass die Wildgänse sich hier gern zur Überwinterung einfinden.

Mit dem Oktober kommen die ersten Gänseflüge ins Land. Wie alle Zugvögel erscheinen sie, wenn ihre Zeit gekommen ist. Die ersten, die hier in der Leybucht auftauchen, sind die schwarzbraunen, mit weißem Halsring geschmückten Ringelgänse. Wenige Wochen später treffen die Blässgänse ein und nach diesen die unverwechselbaren Weißwangengänse mit ihren markanten Rufen. Danach gesellen sich noch kleine Flüge von Grau- und Saatgänsen hinzu. In ewigem Gleichmaß rinnen die Tage und runden sich zu Wochen. Große Kiebitzflüge orientieren sich pfeilschnell nach dem Süden, nordische Goldregenpfeifer und Scharen von Alpenstrandläufern schließen sich ihnen an. Auch die stattlichen Wildgänse nehmen in der Zahl allmählich zu. Ehe eine Schar auf einer Weide einfällt, kreist sie lange. Diesen scharfsichtigen Vögeln entgeht kein schleichender Feind am Boden, das ganze Äsungsgebiet

Graugänse – immer misstrauisch gegenüber den Menschen.

wird genauestens ausgespäht, ehe sie endlich zu landen wagen. Dann stehen sie noch längere Zeit mit wachsam erhobenen Köpfen, bis sie sich schließlich beruhigen, das Gefieder durchschütteln und endlich mit ihren Schnäbeln das Gras abzuweiden beginnen. Erscheint dann ein weiterer Gänseflug, so fällt er nach Art aller gesellig lebenden Vögel bei diesem Schwarm ein. Er verlässt sich darauf, dass vor ihm alles eingehend erkundet wurde. Gänse sind monogam, bleiben also bis an ihr Lebensende mit dem einmal gewählten Partner zusammen. Um ihre Jungen kümmern sie sich den Winter hindurch bis zum Beginn der nächsten Brutzeit im Mai/Juni. Die Brutreviere liegen an arktischen Küsten und auf Eismeerinseln. Wo sich im hiesigen Raum große Ansammlungen zur Äsung niederlassen, werden die Getreidesaaten und die Grasmengen so stark reduziert, dass sich die Viehweidung oft mehrere Wochen verzögert. Dies hat aus ornithologischer Sicht wiederum den Vorteil, dass viele Bodenbrüter in dieser Zeit ungestört ihrem Brutgeschäft nachgehen können.

Die im Morgengrauen und in der Abenddämmerung wallenden Flugkeile der Wildgänse und ihr weithin hallender Schrei formen das Bild der Küstenlandschaft mit und nicht zuletzt dürfen die Wildgänse wohl zu den schönsten Vögeln der Erde gezählt werden.

Silbermöwen

Man kann sie im Nordseeraum nicht übersehen. Groß, mit auffallend hellem Gefieder segeln sie heran im Aufwind der Deiche. Mit gemächlichem Flügelschlag überwinden sie mühelos auch Stellen, wo Flaute herrscht. Die Küste wäre wirklich undenkbar ohne das Flugbild dieser eleganten Vögel mit ihrer formvollendeten Gestalt. Von den vielen Möwenarten auf der Erde ist die Silbermöwe am häufigsten. Zwischen robuster Kraft und zierlicher Schlankheit zeigt sie jenes Maß, das sie ohne Zweifel zu einer der auffälligsten Möwenarten macht. Weiß leuchtend steht das Gefieder der Altvögel vor dem blauen Himmel. Wenn sie steil einschwenken, erkennen wir auch die silbergrauen Flügeldecken auf der Oberseite.

Diese klugen Meeresvögel sind ausgesprochene Koloniebrüter. Eine besonders große Zahl finden wir auf Memmert, dem Vogel-Eiland zwischen Borkum und Juist. Doch auch auf allen anderen Ostfriesischen Inseln sind sie in kleineren Kolonien zu Hause. An ihren Bodennestern in den Brutkolonien kann man sie eingehend beobachten und es ist deshalb auch nicht verwunderlich, dass wohl kaum ein anderer Seevogel so gründlich in seinen Lebensgewohnheiten erforscht ist wie diese Möwenart.

Im zeitigen Frühjahr suchen sie wie eh und je ihr altes Brutgebiet wieder auf, und manchmal liegt ihr neuer Nistplatz an gleicher Stelle wie im Jahr zuvor. Wieder werden abgestorbene Gräser in einer gescharrten Mulde zu-

Silbermöwe – links Altvogel, rechts Jungvogel.

sammengetragen, wieder legen die Weibchen in ein bescheiden gebautes Nest drei Eier, die abwechselnd von beiden Vögeln bebrütet werden. Die fast gänseeigroßen Eier passen sich ausgezeichnet dem Nistmaterial an – sie sind oft schokoladenbraun, übersät mit hellbraunen oder schwärzlichen Flecken und Punkten, selten einfarbig, dann jedoch himmelblau mit fehlender Pigmentierung. Nach vier Wochen durchbrechen die jungen Möwen mit ihren Schnäbelchen die Eihülle und winden sich so lange hin und her, bis die Schale vollständig gesprengt und der kleine Körper befreit ist.

Das Nahrungsspektrum der Silbermöwe über diesem vom Meer ständig neu gedeckten Tisch ist unerschöpflich. Hier finden sie Muscheln und Schnecken, dort durchmustern sie die Resttümpel nach kleinen Fischen, nach Granat und Krabben. Ständig sind sie als Strandgutsammler unterwegs, um nach angespültem, totem Getier Ausschau zu halten. Ihren großen, misstrauisch dreinschauenden Augen entgeht nichts, auch nicht beim ruhig dahingleitenden Flug aus großer Höhe. Sie sind findige Vögel, die nicht nur im weiten Watt ihre Nahrung aufzuspüren wissen, sondern sich immer mehr an den Menschen anzupassen verstehen. Ob sie den Gammel aufsammeln, den die Fischer von Bord ihrer Kutter werfen, ob sie die Überreste von fischverarbeitenden Betrieben vertilgen oder sich tagsüber an den Müllplätzen die fressbaren Dinge herauspicken – immer zeugt es von einer Nutzbarmachung menschlicher Einrichtungen, die dieser Art stets das Fortkommen sichern hilft. Sie wissen, wo es je nach Jahreszeit Nahrung gibt für ihren kräftigen Möwenschnabel und den alles Genießbare verdauenden Möwenmagen.

Einzeln oder in Trupps segeln sie mit wachsam spähenden, schwefelgelben Augen über Strand und Watt. Vollendet beherrschen sie den Luftraum und ziehen ihre Kreise mit kraftvoller Eleganz – im flirrenden Lichterglanz strahlender Sonnentage ebenso wie in jener grauen Stunde, da der Sturm tobt und sich ihr Schrei mit dem Donnern der Wogen zu einer wahren Melodie der See vermischt.

Säbelschnäbler

Vielleicht bildet der Säbelschnäbler die schönste Art der im Watt lebenden Vogelkolonien. Leuchtend weiß ist sein Gefieder. Es scheint noch strahlender durch ein samtenes Schwarz am Kopf, am Nacken und an den Flügeln. Lange Beine tragen den schlanken Körper hoch über den schlickigen Grund, und

Säbelschnäbler vor dem kaum erkennbaren Gelege.

der längliche Schnabel ist gebogen wie bei keinem anderen. Seine unaufdringliche Eleganz vermag kaum eine andere Art zu übertreffen. Die weiche Stimme, das zarte „Klüt" ist gut von allen anderen Stimmen im Watt zu unterscheiden. Gemächlich vorwärts schreitend, bewegt er seinen Schnabel im feuchten Wattsediment hin und her, bis er zufällig einen Ringelwurm oder ein kleines Krebstierchen aufgespürt hat. Säbelschnäbler halten sich nur in bestimmten Räumen auf, bevorzugt an der Küste, die ihre Wünsche ideal erfüllt. Das schlickreiche Gebiet der Leybucht ist ein Lebensraum, der dieser Spezies ausgesprochen zusagt, von riesigem Ausmaß, von Tiefs und unzähligen Gräben durchzogen, ein Lebensraum, der sich in der Ferne im grauen Schlick verliert.

Säbelschnäbler sind nicht nur höchst anmutig, sondern am Nest auch ausnehmend vorsichtige Vögel. Wenn nur irgendwo im weiten Terrain ein Kiebitz lärmt oder eine Uferschnepfe warnt, strecken sie ihre langen Beine, stoßen sich vom Gelege fort in die Luft – lange, bevor sie den Störenfried selber zu erfassen vermögen. Dann fliegen sie ihm entgegen und umkreisen ihn mit ihrem warnenden, hellen Ruf, immer darauf bedacht, die drohende Gefahr vom Gelege fernzuhalten, das meist aus vier lehmgelben Eiern mit schwarzen Oberflecken besteht.

Der Kiebitz - Gaukler der Lüfte.

Nach etwa vier Wochen staksen die kleinen Daunenbällchen auf unförmig großen, türkisblauen Beinen über das Watt am Hellerrand. Mit ihrem grauen Daunenkleid sind sie, an der Kante des Pflanzenwuchses sitzend, viel weniger auffallend als ihre Eltern. Bei Gefahr rennen sie zum nächststehenden Schlickgrashorst und drücken sich unter dessen Halme. Mehrere Male konnte ich beobachten, dass Altvögel ganz plötzlich auf acht, manchmal auf zehn Beinen dastanden. Nach genauerem Hinschauen löste sich das Rätsel – der Altvogel stand auf, und drei, vier Daunenbällchen auf kleinen Stelzen kamen unter seinen Flügeln hervor. Der Altvogel hatte seine langen Beine flach auf dem Boden liegen, so blieb er mit seinem Bauch etwa fünf Zentimeter über dem Grund. Die Jungen konnten bequem unter seinen Flügeln stehen - was für sie außerdem besser ist, als auf dem nassen Watt zu sitzen und der Kälte ausgesetzt zu sein.

Alt- und Jungvögel verlassen im September diesen Lebensraum. Einzeln oder in Trupps wachsen sie auf dem Wasser und in den Salzwiesen empor, eine weiße Mauer aus hellen Körpern, getragen von weißschwarzen Schwingen, die zunächst den Horizont abdecken und sich dann in einen mächtigen Schwarm gliedern. In strahlendem Weiß ziehen sie vor den dunklen Wolken über die Salzwiesen dahin und verlassen ihr Brutgebiet, den vogelreichen Lebensraum um die Leybucht. Unmittelbar nach ihnen wird ein Flug Alpenstrandläufer rege. Er weht empor zu einem Turm aus Vogelkörpern, ballt sich zu einer dunklen

Wolke, fasert aus in ein langes Band, schwenkt und steht plötzlich dunkel vor einem großen Wolkenhaufen. Dann setzen sich die Vögel erneut in Bewegung und treiben nach rechts davon. Eine durchreisende Wiesenweihe führt dem Betrachter alles Vogelvolk in Bewegung vor. Rotbrüstige Knutts und Goldregenpfeifer, die auch im Flug ihre Weisen trillern, folgen. Sie schwenken ein, um noch kurz vor ihrem kräftezehrenden Flug Energie aufzutanken. Eine Schule bunter Brandgänse zieht über das herbstliche Watt, eine imponierende Größe vieler Vogelschwärme im großartigen Wechsel des Lichts.

Der Kiebitz - Gaukler der Lüfte

Salzwiesen und Marschen hier an der See kann man sich nicht vorstellen ohne die Kiebitze - ohne ihre markanten Rufe und übermütigen Flugspiele, ohne die sich ständig verbeugenden Gesellen auf den weiten Wiesen und Weiden. Sobald der Frühling sich ankündigt, erscheinen auch hier die ersten Kiebitze, sofern das Wetter einigermaßen günstig ist. Tritt erneut Frost und Schneefall auf, weichen sie in wärmere Gebiete aus. Trägt der Wind wieder milde Luft heran, sehen wir die großen Scharen mit ihrem gaukelnden Flug vor dem Frühlingshimmel dahinziehen, um dann nach langer Reise endlich auf Weiden und trostlos erscheinenden Salzwiesen einzufallen. Sie suchen im abgestorbenen Gras und zwischen Strünken von verwesten Salzwiesenpflanzen nach Kleingetier, Würmern und Insekten. Hier legt der Vogel mit seiner strähnigen Haube später auch seine kunstlose Nestmulde an, in die er meist vier, etwa taubeneigroße, gesprenkelte Eier legt.

Am wohlsten fühlt sich der Kiebitz - ebenso wie die Uferschnepfe mit ihrem langen, geraden Schnabel - da, wo auch sommertags das Wasser unter den Schuhsohlen quietscht, wo alle Limikolen ihre Schnäbel mühelos in den Boden bohren können, um nach Würmern, Larven, Schnecken und Insekten zu suchen. Kiebitze brüten hier an der Küste noch allerorten. Insbesondere finden sie sich als Durchzügler und Gäste aus nordischen Gebieten ein. Hier, in der milden, meeresnahen Marsch, wo sie im Juni in großen Scharen zu einem Zwischenstopp erscheinen und sich für kurze Zeit aufhalten, bis der vor der Tür stehende Winter sie endgültig zum Abwandern zwingt. Dass wir diese wendigen Flugkünstler noch lange in diesem Lebensraum antreffen und dass die Kiebitzhähne auch weiterhin über die Frühlingswiesen balzen und die Schwärme die Marschen queren, bleibt zu hoffen. Kiebitze gehören zum lebendigen Ausdruck dieser Landschaft, der weiten Sicht und des hohen Küstenhimmels.

Im Watt zwischen Baltrum und Neßmersiel

Ein paar Gedanken zum Zustand des Watts

Wo der Wattwanderer noch vor Jahren bei jedem Schritt Strandkrabben vor seinen Füssen davonlaufen sah, rührt sich heute fast nichts mehr. Öl, chemische und andere Abfälle belasten diesen einzigartigen Lebensraum an der Nordseeküste.

Das Watt: das sind sechs Stunden Wasser, sechs Stunden Land, immer im Wechsel, Tag für Tag. Sand, Schlick und Salz. Das Wattenmeer ist 500 Kilometer lang, vom dänischen Blåvandshuk im Norden bis zum holländischen Den Helder im Süden, und 9300 Quadratkilometer groß. Eine für die ganze Welt einmalige Landschaft mit einem einzigartigen Tier- und Pflanzenbestand. Das Watt ist graue, öde Fläche an trüben Tagen, ist endlose, flimmernde Weite bei Sonnenschein – und beinhaltet immer den Kampf der See gegen das Land.

Vor 7000 Jahren noch lagen große Teile der Nordsee trocken. Das Wasser steigt, das Land sinkt – bis heute. Es ist die Geschichte gewaltiger Sturmfluten, die blühende Dörfer wie Rungholt und Itzendorf, große Inseln wie Strand in wenigen Stunden untergehen ließen.

Das Watt – das ist das Pfeifen der Austernfischer, das Zetern der Rotschenkel, das Gekreische der Möwen. Das Watt ist die Kinderstube der meisten Nordseefische. Und es ist der Lebensraum für unzählige Muscheln, Würmer, Krabben und Krebse.

Unter jedem Fuß, den wir in das Wattsediment setzen, leben im Schnitt noch etwa einhundert Tiere. Aber das ist kein Problem, diese Lebewesen müssen sonst dem Druck von über zwei Metern Wasser standhalten. „Früher ist man in Prielen bei fast jedem Schritt auf Plattfische getreten", sagen die älteren Wattwanderer. Heute gibt es solche Ansammlungen nicht mehr. Wattwandern ist, so zynisch es auch klingen mag, einfacher geworden. Denn es müssen beispielsweise keine großen Umwege um die Miesmuschelbänke gemacht werden, die sich früher bis zu einem Meter im Watt auftürmten. Die hatten dann leicht Ausdehnungen von einigen Kilometern. Jetzt wachsen dort große Mengen der Pazifik-Auster (CRASSOSTREA GIGAS) heran, die Austernzuchten in Holland, Frankreich und bei Sylt als Ausgangspunkte für ihre rasante Invasion genutzt hat. Sie vermehrt sich so stark, dass sie schon regelrechte Riffe bildet, Miesmuschelbänke überwuchert und deren Lebensraum einengt. Sorge bereitet mir aber vor allem jener Dreck, den man nicht sieht! Elbe, Weser, Jade, Ems, der Rhein, große und kleine Flüsse, schwemmen – trotz wesentlicher Reduzierung im vergangenen Jahrzehnt – noch täglich tausende Tonnen Gift in die Nordsee. Schwermetalle wie Blei, Zink, Cadmium und Kupfer gehören dazu, ebenso wie Quecksilber und andere Rückstände der chemischen Industrie.

Was so giftig ist, dass man es selbst in die belasteten Flüsse nicht mehr einleitet, wird direkt ins Meer „verklappt" als Dünnsäure. Das Gift der Industrie wird weiter fließen, wenn auch nicht mehr in dem Ausmaß wie noch vor 20 Jahren. Die gigantische Kläranlage Wattenmeer ist überlastet. Muscheln können innerhalb von 10 Tagen das gesamte Wattwasser filtrieren und von organischem Schmutz reinigen. Wattwürmer verdauen organische Stoffe zu neuem Schlick und Sand. Gegen die chemischen Rückstände sind beide jedoch machtlos. Sie speichern das Gift, das so in die Nahrungskette gelangt – und ein tödlicher Kreislauf beginnt.

Gleichzeitig wird das Nordseewasser mit Stickstoff und Phosphatrückständen überdüngt, so dass Algen plötzlich als brauner Teppich auf dem Wattboden wuchern und sich das Plankton explosionsartig vermehrt. Wenn die Wellen dann die winzigen Algen zerschlagen, treibt das dadurch entstehende Eiweiß als dicker, gelblich-brauner Schaumteppich an Land und an die Strände. Wächst zu viel Plankton, sinkt der Sauerstoffgehalt des Wassers und schwächt alle darin vorkommenden Lebewesen, vom Mikroorganismus bis zum geschlechtsreifen Fisch.

Die größte Katastrophe, die das Watt treffen könnte, die Ölpest, hat bisher nur auf dem Papier stattgefunden, sieht man einmal von der Strandung der „Afran Zenith" 1981 und dem Untergang der Pallas 1998 vor Amrum ab.

Wenn es sich auch nur um zwei kleinere Vorfälle handelte, waren die Auswirkungen für die Fisch- und Vogelwelt schon von dramatischem Ausmaß. Immer wieder spielen Experten den „Fall X" durch. „Was passiert, wenn vor der Nordseeküste ein Öltanker havariert?". Die Antwort ist immer die gleiche,

Austernfeld von gigantischen Ausmaßen.

– das Watt wird zur toten Ödnis, die Küstenorte würden größtenteils unbewohnbar. Millionen Tonnen Öl werden jährlich von riesigen Tankern durch die Nordsee transportiert. Doch die vielen kleinen Ölverschmutzungen bedrohen dass Watt fast ebenso wie der „Fall X". Noch immer ist es für Tankerkapitäne billiger, ihre leeren Tanks auf offener See zu reinigen – und das Risiko erwischt zu werden, ist relativ gering.

Hoffen wir für unsere Region, dass das Szenario einer Öl-Havarie nie eintreten möge und die negativen Zustände, die den „Umwelt-Patienten" Wattenmeer noch arg beuteln, Schritt für Schritt begrenzt und verbessert werden. Denn trotz seiner Größe und seines ungestümen Rhythmus ist dieser Lebensraum sehr empfindsam und verletzbar. Wo die Natur selbst ohnmächtig ist, müssen wir für ihren Schutz sorgen – schutzbedürftiger denn je ist das Watt, diese für den gesamten Nordseeraum lebensnotwendige, urtümliche Landschaft.

Begriffserklärungen

Detritus (lat. detritus = das Abreiben) bezeichnet die zerfallene organische Substanz im Zustand der Aufschließung (Humusentstehung).

Diatomeen nennt man die Klasse mikroskopisch kleiner, einzelliger Kieselalgen, deren Name hergeleitet ist von dem charakteristischen Kieselsäuregerüst der Zellwand (Einzahl Diatomeae). Die Schale der Diatomeen besteht aus zwei ineinanderpassenden Hälften, von denen die eine Hälfte etwas kleiner ist als die andere und somit wie bei einer Schachtel genau in die andere Schale hineinpasst. Um sich zu vermehren, bildet jede dieser Hälften ein neues Gegenstück. Ist das Gegenstück fertig ausgebildet, teilt sich die Diatomee. Hieraus leitet sich auch der griechische Name der Kieselalge ab, der vom Wort diatémnein, durchschneiden, stammt.

Flagellaten sind meist einzellige Organismen; Geißeltierchen oder Geißelalgen.

Gammel wird der Beifang genannt, der wieder über Bord geworfen wird, dabei aber sein Leben lässt; Fischereiabfall, 500.000 Tonnen jährlich.

Granat heißen an der Küste die Garnelen.

Holophyten sind Salzpflanzen, die sich dem Einfluss von Meersalz angepasst haben.

Lahnung bezeichnet ein Wattenmeer-Bauwerk zur Strömungsberuhigung aus zwei Pfahlreihen, zwischen welche Bündel aus Reisig gepackt werden.

Limikolen sind Watvögel.

Pier wird der Wattwurm genannt.

Polychaeten ist der Fachbegriff für Borstenwürmer; Meeresringelwürmer.

Pricken sind eingeschlemmte, schlanke Baumstämme (meist Birken), die ein Wattenfahrwasser markieren.

Priel wird ein schmaler Wasserlauf im Wattenmeer genannt.

Rippel heißen die nur wenige Zentimeter hohen, parallel verlaufenden Wälle und Täler – die durch Wind oder Seegang entstandene Bodenstruktur.

Sandplate nennt man eine sandige Erhebung, im Außenbereich des Watten- gebietes gelegen, die bei Ebbe früh trockenfällt.

Sandriff Sandablagerungen, die in der Mündung von Prielen und Wattströ- men entstehen, werden als Sandriff bezeichnet.

Schill wird die Anhäufung von Muschelschalenresten genannt.

Seegat ist die Bezeichnung für ein sehr tiefes Wattstromsystem zwischen den Inseln und den Außen-Sänden, das in die Nordsee mündet.

Sipho ist ein röhrenförmiger, rüsselartiger Körperfortsatz.

Stecher wird der lange Schnabel bei Limikolen (Watvögeln) und schnepfen- artigen Vögeln genannt.

Tide ist die Bezeichnung für das regelmäßige Fallen und Steigen des Meeres- spiegels; Ebbe und Flut.

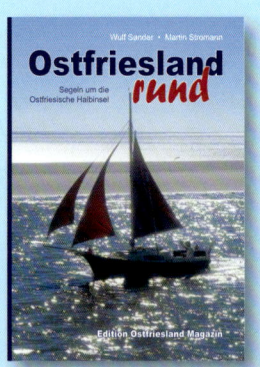
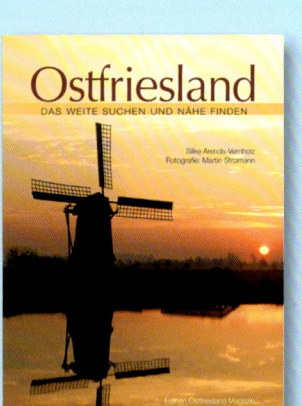
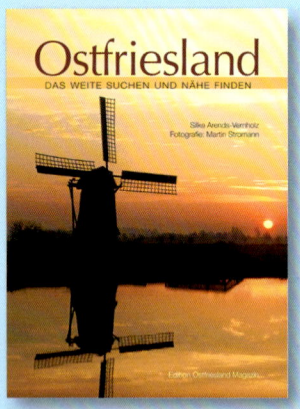